◆幼儿园教师必备丛书·第三辑

教师
如何观察和评价幼儿

张洪梅◎编著

上海科学普及出版社

图书在版编目（C I P）数据

教师如何观察和评价幼儿 / 张洪梅编著. -- 上海 : 上海科学普及出版社, 2018.9（2023.12重印）
（幼儿园教师必备丛书. 第三辑）
ISBN 978-7-5427-6886-5

Ⅰ. ①教… Ⅱ. ①张… Ⅲ. ①幼儿教育 Ⅳ. ①G61

中国版本图书馆CIP数据核字(2017)第094083号

责任编辑　李　蕾

幼儿园教师必备丛书·第三辑

教师如何观察和评价幼儿

张洪梅　编著

上海科学普及出版社出版发行
（上海中山北路832号　邮政编码200070）
http://www.pspsh.com

各地新华书店经销　山东博雅彩印有限公司印刷
开本787 × 1092　1/16　印张100　字数800 000
2018年9月第1版　2023年12月第3次印刷

ISBN 978-7-5427-6886-5　定价：298.00元（全10册）

前言

《幼儿园教育指导纲要（试行）》中明确指出：教育评价是幼儿教育工作的重要组成部分，是了解教育的适宜性、有效性，调整和改进工作，促进每一个幼儿发展，提高教育质量的必要手段。幼儿是幼儿教师工作的对象，善于了解幼儿是完成教学内容，实现教学目的的先决条件。教师要想达到教育效果，就要对幼儿认真、细致地观察，并作出客观、全面的评价分析。纲要中对教师的素质能力也提出了更高的要求：对幼儿观察、了解及评价分析的能力是幼儿教师从事幼儿教育工作必备的能力。

幼儿教师只有通过对幼儿进行客观、细致的观察，才能进一步了解幼儿、理解幼儿，走进幼儿世界，对自己的教学实效进行评价分析，做出教学调整，使幼儿园课程教育的内容更具有整合性、开放性和全面性。本书着重从如何观察和评价幼儿的方法入手，帮助幼儿教师从日常生活活动、语言教育活动、健康教育活动、美术教育活动、社会教育活动、体育活动等几个方面对幼儿活动进行观察和评价，促进幼儿发展，提高教学的有效性，实现教学目标。

目录

目录

第三章　幼儿教师观察和评价的具体运用

目 录

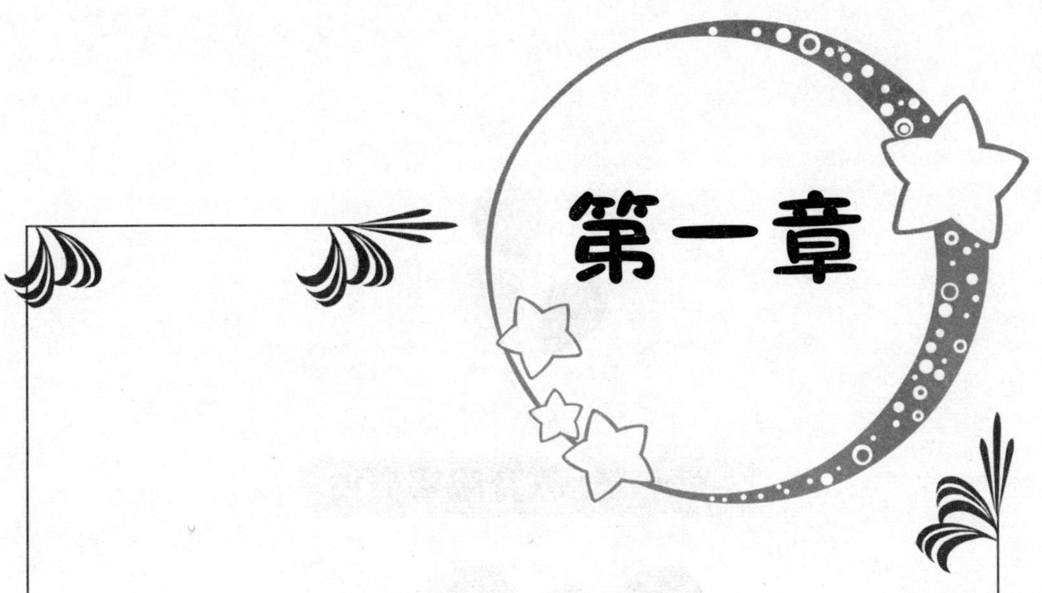

第一章

教育观察和教育评价

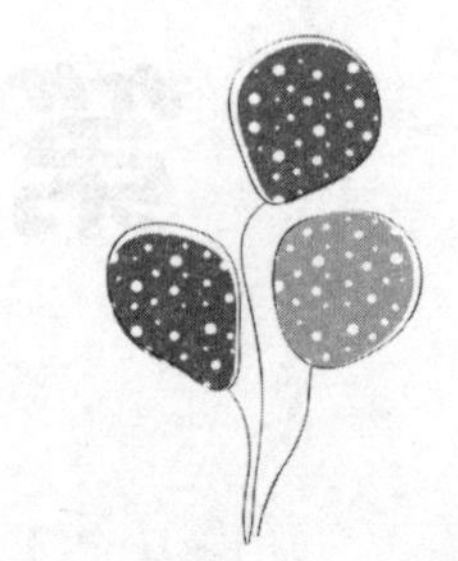

第一节 教育观察概述

“不畏浮云遮望眼，只缘身在最高层。”对于发生在教师身边的一个个鲜活的教育现象，往往因为比较常见而且教师又身在其中，便忽略了对其奥秘的探索。如果教师能够换种身份，站在研究问题的角度，用陌生的眼光去观察身边的事物，一定会有意想不到的收获。对于教育，教师的责任不仅仅是教授课本上的知识，而是教会学生如何做人、求知、劳动、生活、健体、审美等。教育观察法是教师开展教育教学研究的重要方法，也是教师收集教育研究资料的重要途径。

何谓教育观察？课间休息时，教师看到几个学生在操场玩篮球，是不是教育观察呢？答案是否定的，教师毫无目的地看，不属于观察。“观”即看，“察”即分析研究。观察是人们对周围存在的事物的现象和过程的认识，它是属于认识论范畴的一种有目的、有意识的感知认识活动，强调“在自然状态下”发生，对于观察对象没有任何干扰和控制，完全常态的观察。教育观察是教师或教育研究者有目的、有计划地运用感官和其他辅助设备，对自然状态下的教育现象进行系统地考察，收集事实材料，分析研究以获得对教育现象的深入认识和理解的一种科学研究方法。

观察法分为日常观察和科学观察两种。日常观察是研究者直接感受的感性材料，具有自发性和偶然性，是科学观察法的基础和初级形式；科学观察法是按照事先设定的计划，在已定的观察范围、条件和方式，具有目的性的观察处于自然状态下的观察对象的言谈举止等表现。

☆一、教育观察的特点☆

教育观察法是最普遍、最基本的教育科学研究方法，其主要特点有：

1. 目的性

进行任何教育现象的观察前，观察者必须确定观察的目的。

有明确的目的之后才能确定观察范围、观察方法和观察条件，以获得最有效的事实材料。

2. 选择性

教育观察不是毫无选择性的观察，它需要观察者从大量类似的教育现象中选择具有代表性的观察对象和经典的案例进行观察，以准确地获得该教育现象和过程。

3. 能动性

教育观察需要观察者在观察过程中积极发挥主观能动作用。教育观察是有目的、有意识的，在进行观察之前要求观察者根据教育科研任务需要制定计划（例如确定观察目标、观察方法、观察范围和条件等），确保观察顺利的进行。因此，教育观察是具有能动性的。

4. 客观性

任何的教育现象都是客观存在的，观察者必须真实、准确的对客观现象进行观察和反映。只有客观地观察被观察者在自然状态下的语言及行为表现，并且如实地反映被观察者的真实情况，才能得到正确的结论；观察者如果带有主观情感意味，所得到的观察就会失去原来的样子，继而产生错误的结论。

5. 科学性

教育观察是科学观察方法，在对教育现象进行客观地描述的前提下，对收集到的资料进行分析整理，从而获得正确的结论的

过程才具有严谨的逻辑性和实证性。

☆二、教育观察的原则☆

教育观察法是贯穿教育教学和科学研究全过程的科学方法，在实际操作中必须遵循以下几个原则：

1. 目的性原则

英国哲学家波普尔曾在一次演讲中突然对听众们说：“女士们、先生们，大家请观察！”话音刚落波普尔便面无表情地站在演讲台上一动不动。听众疑惑地看着波普尔，问：“先生，请问您让我们观察什么呢？”在这一次演讲中，波普尔完美地诠释了“观察始于问题”的哲学观点。通过这个故事我们知道了，任何的观察都不是盲目的、随意的，必须有明确的目的。

教育观察的目的性原则要求观察者必须明确观察目的，使观察活动与一般的感知活动区别开。教师每天遇到大大小小的事情不计其数，如果教师不清楚科研任务，不知道观察的重点，就会感到一切事物都是杂乱无章的。

2. 客观性原则

教育观察的客观性原则要求观察者在观察中实事求是，能够准确地反映各种教育现象，为教育者的科学研究提供可靠的素材。观察是通过人的感官或借助一定的工具来获得信息，是对客观事

物的描述或判断，而不是客观事物本身。要想得到准确的信息，观察者需要避免先入为主的观念。观察者不能用自己假定的研究结果在观察过程中寻找材料，更不能只收集对于自己观点有利的而忽略了一些相悖的观察材料，无意识地歪曲了事件的真实面貌。非客观的观察材料得到的研究结论就不能重复出现或被证实，这样的结果是不会被接受的、无效的。

3. 自觉性原则

教育观察的自觉性原则要求观察者在观察过程中始终坚持以科学的理论观点为基础。其自觉性表现为收集真实的材料、科学地解释观察结果和理性地从观察材料中提炼观察结论。

4. 全面性原则

“盲人摸象”的故事给我们一些启示。事物是由不同属性的各个部分组成的，如果观察者只是片面地观察某一部分就会像摸象的盲人一样。摸到象的牙齿就认为大象跟剑一样，摸到象的耳朵就认为大象像把扇子，摸到象腿就认为大象像柱子。每个人的观察都是正确的，但是没有人从头到脚全面地观察大象，所以没有得到整体的结论。

教育观察的全面性原则要求观察者在时间上系统地观察事物的发展变化，在空间上牢牢把握整体以及整体与部分之间关系和其他事物的关系。

5. 典型性原则

马克思主义哲学认为物质世界是处于普遍联系中，事物或现象之间相互影响、制约、作用，构成了物质世界的发展。而很多的事物和现象的发展都是非常复杂的，要想得到事物和现象的本质，观察者必须有条件地摒弃一些与观察目的无关的内容和干扰因素，选择具有代表性的观察对象和条件使事物的核心方面充分展露。

教育观察的典型性原则要求观察者选择典型的观察对象、时间和空间，不仅可以降低事物的复杂程度，而且能反映普遍存在的规律。

6. 法律和道德伦理原则

人类的任何行为都要在法律和道德伦理的框架内，教育观察也必须遵守这一原则，在不侵犯他人合法权益的情况下进行，在道德和伦理的支持下进行，得到的观察结果才可以被人们所接受。

☆三、教育观察的类型☆

根据不同的分类标准，可以把教育观察法分成不同的类型。

1. 按照观察的情境分为自然观察法和实验室观察法

自然观察法即在自然情境中，不干扰和控制被观察者的状态下，观察其各种行为活动来收集研究资料的方法。实验室观察法

即在预先安排好的特定条件下，有意识地观察其某些心理现象的行为表现来获取研究资料的方法。

自然观察法对于观察者来说比较被动，只能静静地等待其观察目的的行为表现的出现；实验室观察法则是在已经设定的一些利于完成观察目的的条件下进行的，更容易获得观察目的的行为表现。

2. 按照观察的方式分为直接观察法和间接观察法

直接观察法即观察者依靠自己的感官直接感知和描述观察对象，观察者不借助任何外力，如随堂听课时边听边看边记录。间接观察法即观察者借助各种仪器设备对观察对象进行观察和描述并记录。

间接观察法比直接观察法更可靠，对于观察现象的记录资料更容易保存，便于分析研究时反复观测。

3. 按照观察者是否参与被观察者的活动分为参与观察法和非参与观察法

参与观察法即观察者参与到观察现象当中，与被观察者存在比较密切的关联，在与被观察者互动接触中直接观察其行为表现的方法，也称局内观察。参与观察法使观察者与被观察者之间的心理距离变短了，更容易了解被观察者的内心变化过程，但是观察者的主观因素会影响观察的客观性。

非参与观察法即观察者以旁观者的身份进行观察研究，也称

局外观察。非参与观察法更客观、公正，但是由于对被观察者的心理变化过程不了解，不能深入理解观察资料。

4. 按照是否有确定的观察项目分为结构观察法和非结构观察法

结构观察也称程序化观察，即观察者预先设计好观察纲要并严格按照纲要内容和计划进行观察。结构观察在实施时必须分类记录行为表现，比较麻烦；但观察结果可以量化统计，便于分析。

非结构观察即不预先设计观察内容和观察方法等，没有具体的观察记录要求。非结构观察法收集的资料零散不易量化分析，但此方法适应性强、比较灵活，简便易执行。

研究者对于不同的教育现象，需采用不同类型的教育观察法。不同类型的教育观察法所需的设计有不同的特点，但设计的步骤，如明确观察目的和内容、宏观了解和试验性观察、选择适合的观察方法和编制观察记录表等是相同的。

☆四、教育观察的作用☆

教育观察法是收集教育科学研究材料的基本途径，是产生教育科学理论假设的手段。教育观察的作用有：

1. 教育观察是收集教育资料的基本方法。通过观察可以获得有关教育行为的详细、原始的教育资料，为教育研究提供宝贵的

素材。

2. 教育观察可以发现问题、提出问题，是教育研究课题的选择和形成的前提。教育领域每时每刻都有新的问题等待教育科学研究者去发现和探索，通过观察发现教育中存在的问题，有针对性地提出教育改革方案。

3. 教育观察是验证教育科学理论的重要途径之一。

教育观察法被广泛地应用于中小学教育教学和教育科学研究的很多领域中，具有非常重要的作用。可大致分为以下几个方面：一是学校的管理，如特色办学和常规管理等；二是教师的教育教学活动，如班主任工作和教师课堂教学活动等；三是学生的学习生活和日常娱乐活动，如学习习惯与时间、课间活动安排和生活自理能力等；四是教师或学生的群体氛围和师生之间的关系；五是其他教育因素，如教材、教学环境和教学手段等。

教育观察法只能提供给研究者表面的现象和结果，不能判断因果，在实际运用教育观察法时常常与其他研究方法协同作用，综合发挥各自的优势使研究顺利完成。

☆五、教育观察的具体方法☆

在具体运用教育观察法的过程中，因其具体的观察目的、观察内容、观察对象等方面的不同而分成不同的教育观察方法，主要分成三种：即叙述性观察法、取样观察法、观察评定法。

1. 叙述性观察法

叙述性观察法是指通过平实的语言客观详细地记载事件或行为发生、发展的过程，然后对获得资料进行分析的研究方法。

叙述性观察法包括三种类型：日记描述法、轶事记录法和实况详录法。

日记描述法是指观察者以日记的形式对观察对象进行持续地观察记录，从而进行研究的方法。日记描述法简便易行，是一种适用于长期跟踪观察对象的方法。但是，日记描述法也有一定的局限性，往往易带主观倾向性，而且长期跟踪观察对象也比较费时费力。

轶事记录法是指观察者将自己认为有价值的、有意义的或感兴趣的事件随时记录下，以供日后分析使用的一种研究方法。轶事记录法不需要连续记录，长期跟踪观察，只需要在记录时尽量做到将行为或事件发生的过程及时、客观、准确、具体、完整地记录下来即可。

实况详录法是指观察者在一段时间内，持续地、尽可能详尽地记录观察对象的所有表现或活动，然后对所收集的原始资料进行分类，并加以分析的方法。

2. 取样观察法

取样观察法是指按时限确定的标准，选择具有代表性的时间

和事件进行研究，然后推论总体状况的方法。它与叙述性观察法相比，不但节省时间、人力、物力，而且可以收集到可靠的观察资料，使观察具有客观性。

取样观察法可以分为两种：时间取样法和事件取样法。二者都是对特定的目标行为进行观察记录，区别在于时间取样法的计量单位是时间，而事件取样法的计量单位是事件。

时间取样法是指观察者以时间作为选择标准，专门观察和记录在特定时间内所发生的特定行为。

事件取样法是以特定的行为或事件为取样标准，注重记录某些特定行为或事件的完整过程的观察方法。

3. 观察评定法

观察评定法是指观察者不必对每次观察的具体行为或事件进行描述或记录，而是在观察的基础上，按照事先制定的某种标准，对行为或事件作出判断。

观察评定法可以分为两种：行为检核法和等级评定法。

行为检核法是将要观察的行为项目排列成清单式的表格，然后通过观察，检查核对这些行为项目是否呈现的一种观察方法。

等级评定法是对观察对象进行观察后，用等级评定量表对行为事件的特征做出评估、判断、确定等级的一种观察方法。

☆六、教育观察的实施步骤☆

教育观察法操作简单、方便，不需要使用仪器设备，也不需要创造特殊条件，尤其不会妨碍观察对象的日常生活和学习，也不会对其造成任何不良后果。因此，教育观察法深受广大教育工作者乐于利用。虽然不同类型的教育观察法所具有的特点不同，但是操作实施的步骤却是共同的。

第一步：观察的准备工作。

明确观察目标和任务：根据研究的任务和对象特点，确定观察的目标，也就是观察中要了解什么情况，需要收集哪方面的资料都要作出明确规定。在此基础上，再确定观察的内容。

确定观察对象：主要是指观察谁。

确定观察内容：主要是指观察计划要收集哪些资料，明确观察内容在具体场景中的实际表现，比如对观察对象的哪些行为或者事件进行观察。

选择观察地点：主要是指计划在什么地方进行观察。

制定观察计划：为确保观察的顺利进行、观察目的的实现，在观察前必须依据观察目的制定出具体详细、切实可行的观察计划。观察计划包括观察范围、重点、目标、记录方式、要求等内容。

选择观察类型、方法和途径：不同类型的教育观察法各有其

优缺点，具体的观察内容和相关的客观条件也各不相同。因此，在观察前要结合具体情况，选择最有利于获得真实的信息的最简捷的观察方法，从而经济地、有效地获得科学的结论。

做好观察前的准备：在观察前需要查阅有关资料，了解观察对象的相关情况，并设计和印制好记录表格等。

第二步：实际观察。

在实际观察中需要注意灵活地执行观察计划方案；抓住观察的重点，不要避重就轻；注意做到看、听、问、想等几个方面的相互配合；要做好观察记录。观察记录是确保观察到的事实材料准确客观的重要一环。为使观察记录全面、系统和准确，就要编制观察记录表。观察记录表的重要作用是录音或录像所不能代替的，只有记录下观察资料，才能更加便于进一步的分析与整理。

第三步：观察资料的整理与分析。

对实际观察过程做好的观察记录进行整理和分析，如果记录资料是使用多种方法收集的，需要进行比较，如果发现问题一定要及时核实。如果是以小组的形式进行观察，那么需要将观察者的记录进行比较，如果发现差异，需要进行小组讨论和验证。

第二节 教育评价概述

评价常指对一件事或人物进行判断、分析后的结论。什么是教育评价？——教育评价是宏观的对教育现象进行价值判断的活动，是根据既定的教育目标，采用可靠的科学技术手段，系统地收集和分析资料，对教育活动、过程和结果进行价值判断，目的是完善评价对象的行为和改进教育工作，为教育决策和教育质量的提高提供依据。

我国早在西周时期，就有关于考试制度的记载。《学记》一书记载了我国古代最完备的考试制度，而隋唐时期的科举制度是更完善、更系统的教育评价活动。科举制度的考试和逐级选拔

人才的方案对“考试 测评 评价”的现代化教育评价具有深远的影响。

教育评价从产生到现在经历了四个时期，分别是心理测验时期、目标中心时期、标准研制时期和结果认同时期。自提出教育评价的概念以来，教育评价不断发展变化，主要变现为：教育评价的目的由“选择符合教育要求的儿童”转为“创造适合不同儿童的教育”；教育评价的对象由教学领域扩展到教育的各个领域；教育评价的结果由单一的数量和语言描述的形式转为数量和语言描述相结合的形式描述；教育评价由评价对象被动接受评价转为主动参与自我评价。

☆一、教育评价的目标☆

教育评价是强调使教育价值不断“增值”的过程，即以促进人类的全面发展为最终目标。为此，我们需要逐级完成以下目标：

1. 诊断问题，促进教育方案的改进，完善教育体系。教育管理部门制定了符合我国国情和学生发展的教育计划，教师把教育计划付诸实践，学生的掌握状况便是评价结果。评价结果与预期目标不一致，教育者需要根据反馈的问题有针对性地调整教育计划方案。

2. 学生的表现对于家长来说都是最重要、最关心的问题，学校和教师对于学生在学校的表现及时反馈给家长是家长对孩子做评价的重要途径之一。

3. 学生的自我评价可以让他们了解自己在学习中存在的问题并及时改正，也可以让学生从成功中获得信心和满足感。

☆二、教育评价的内容☆

狭义的教育评价是以学生为对象的评价，广义的教育评价则是以教育的全部领域为对象的评价。教育评价的内容包括学校评价、教师评价和学生评价。

1. 学校评价

学校评价是在学校领域内，根据教育方针的要求，利用教育理论和方法对学校的管理与教学、办学条件、办学方向和办学效益等进行价值判断。

教学与管理主要指教学常规管理课外活动管理、体育卫生管理、后勤与勤工俭学管理和科研管理等。办学条件是为保证学校各项教育和教学管理活动顺利进行的经济和物质条件，具体为学校环境、学校制度和保障经费。办学方向主要是学校的办学指导思想、办学理念、治校理念、办学特色等，细化来讲是对学校的资源配置、专业建设、教学改革和学风建设等方向的选择。办学

效益是指投入产出问题在学生发展水平和学校发展目标的达成度上，包括教学效果、教学成果、社会声誉和办学特色等。

2. 教师评价

教师是课程实施的主体，是课程实施效果如何的决定性因素。教师评价是否得当，不仅影响教师工作的热情，也与教师的工作效果和专业发展息息相关。教师评价指对教师工作的价值的判断活动，可以提高教师的专业技能和教学技能。教师评价的内容包括教师素质结构、教学工作和其他工作。

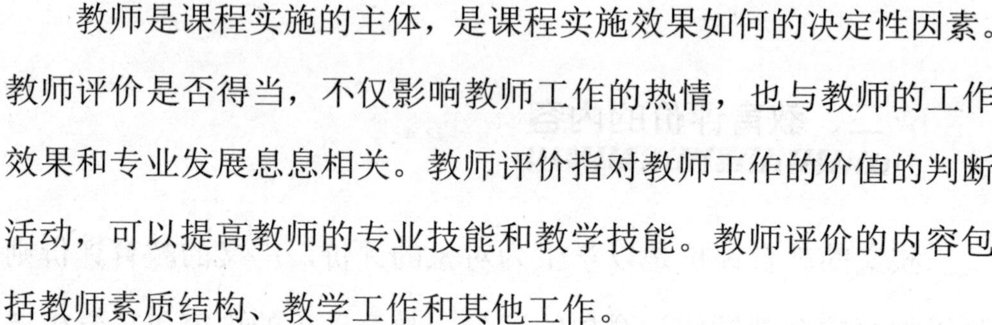

教师素质结构包括职业道德、知识结构、能力结构和健康的身心品质等。教学工作评价主要指教师课堂教学的评价，具体指对从备课、上课、作业布置与批改、课外辅导、学生成绩、教学效果等方面的评价。其他工作指班主任工作、教师继续教育培训和科研等方面。

3. 学生评价

学生评价是根据教育大纲要求，对学生学习进展与行为表现进行系统分析和价值判断的活动。学生评价不仅包括学生对知识掌握程度、学习能力，还包括学生的参与、交往、情感状态，做到知、情、意、行的综合评价。

☆三、教育评价的类型☆

教育评价依据不同的标准有不同的分类方法，至今没有统一的分类标准，下面介绍一些常用的分类方法。

1. 按照评价标准可将教育评价分为相对评价、绝对评价和个体内差异评价

相对评价即在包含被评价对象的整体中确定一个或多个基准，再把评价对象和基准一一进行比较，判断被评价对象在整体中的相对优劣，也称常模参照标准评价。

绝对评价即在被评价对象的整体以外，建立一个客观的评价标准，再把评价对象与之比较，判断评价对象是否达到评价标准的要求，也称标准参照评价。例如，教学评价常以教学大纲中的教学目标为依据确定评价标准，再考察教学活动是否达到标准的要求。

个体内差异评价是按照被评价对象自己某一时期的发展状况为基准，与其后的发展情况进行比较，判断被评价对象的发展水平状况。

2. 按照评价功能可将教育评价分为诊断性评价、形成性评价和总结性评价

诊断性评价一般是在教学活动开始之前，对学生已有的知识结构、技能和情感等情况进行评估预测，了解学生的基础知识储备和准备状况，判断学生是否具有教学目标要求的条件，为教学计划的有效实施提供依据。诊断性评价通常在每一学期初或是每一单元教学开始时实施评价，目的是可以设计出满足各个类别的学生的教学方案，最大限度地因材施教。

形成性评价是由斯克里文提出来的，是在教学过程中对学生的知识掌握程度和能力发展的评价，一般是在学习一节课或一个单元后以测试的方式对学生学习状况进行反馈，再有针对性地纠正问题。形成性评价也叫过程评价，其目的是发现学生的潜质和改进学生的学习。

总结性评价是在某一教学活动告一段落之后，根据教学目标的要求评价教学活动的最终效果。总结性评价常在学期末或学年末以考试或考核的方式进行，其目的是检验学生的综合素质是否达标。

3. 按照评价的分析方法可将教育评价分为定量评价和定性评价

定量评价是采用统计和测量的数学方法，对收集的被评价资料信息进行数字化处理，用数字进行描述和价值判断。定量评价具有客观化、标准化、精确化、量化和简便化的特点，但并不是所有的现象都可以量化的。

定性评价是采用分析与综合、比较与分类、归纳与演绎的逻辑思维方法，分析评定评价对象的性质。定性评价的精确度不如定量评价，但执行简单方便。

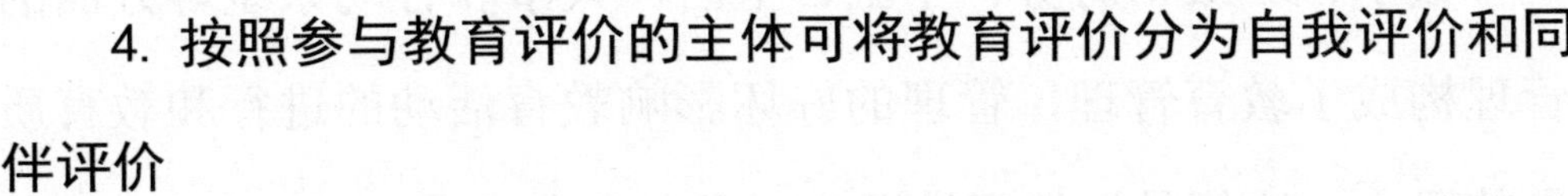

4. 按照参与教育评价的主体可将教育评价分为自我评价和同伴评价

自我评价是被评价主体按照一定的评价标准对自己的言行、思想和发展状况的判断和评价。自我评价是自我诊断、自我发现和自我完善的过程。

同伴评价是指与被评价对象有亲密接触的伙伴按照一定的评价标准，对评价对象的行为表现进行判断和评价。

5. 按照评价对象的不同可将教育评价分为对活动的评价、对参与人员的评价、对管理的评价和对区域教育的评价

教育是一种包含教学活动、德育活动、体育活动、勤工俭学活动、课外活动等复杂的活动。以活动为对象的评价是对教育的各类活动的状态和实施效果的评价。

教育活动的执行需要有校长、职工、教师、学生、行政领导和管理人员等参与。以参与人员为对象的评价是对这些人员的素质、工作态度和成绩的评价。在教育评价中对校长、教师和学生

的评价尤为重要。不仅校长的政治思想水平、文化素质、计划决策和组织管理能力很大程度上影响着教育的水平，教师的素质和工作态度也影响和决定着教育质量。此外，学生是学习的主体，是教育质量的具体体现者。

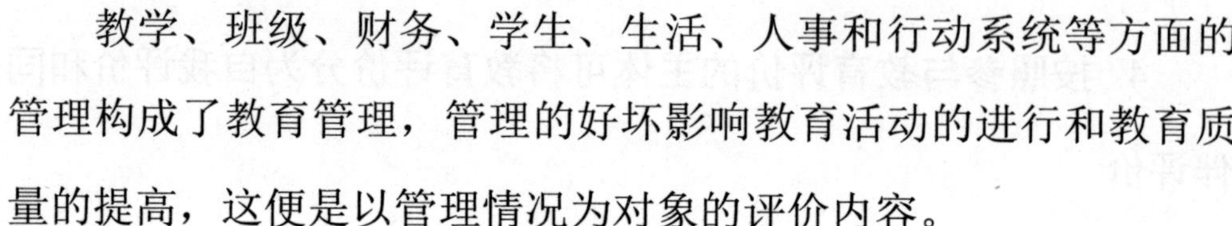

教学、班级、财务、学生、生活、人事和行动系统等方面的管理构成了教育管理，管理的好坏影响教育活动的进行和教育质量的提高，这便是以管理情况为对象的评价内容。

以区域为对象的评价是在某一区域对教育结构、师资力量、教育经费投入和社会经济发展水平的适应情况等的评价。

6. 按照心理与教育研究方法中有关实证与思辨的特点，可将教育评价分为实证化评价与人文式评价

实证化评价是利用实际的证明对事物属性或发展变化规律进行判断的评价。

人文式评价是强调个体的主体意识和心理活动规律，通过评价者与评价对象的交流，对评价对象作出价值判断的评价。

☆四、教育评价的原则☆

教育评价是判断教育成果的重要手段。为充分发挥教育评价的功能，必须遵循以下基本原则：

1. 方向性原则

教育评价的方向性原则是指在社会主义教育方向的基础上，通过教育评价使教育方针、政策和法规等更好地贯彻，培养为社会和个人相结合服务的人才，推动教育事业的革新发展。

遵循此原则需做到：严格遵守党和国家制定的教育方针、政策和法规及各级教育的培养目标进行教育评价；在教学评价实践中，沿着利于学生身心健康发展的方向进行。

2. 公平性原则

公平性原则是指在教育评价实践中，坚持人人平等、一视同仁，公平公正地进行评价。

遵循此原则需做到：同范围内的同类评价对象必须使用同一评价标准；一段时间内，对同类评价的对象的态度要一致；评价活动必须公开公正，坚持民主性和群众性。

3. **科学性原则**

教育评价的科学性原则是指教育评价过程的各个环节都必须符合科学要求。

遵循此原则需做到：构建合理的科学评价指标，遵循教育评价的客观规律；端正评价的态度，坚持定量和定性相结合、自评和他评相结合的原则，注重评价的整体性。

4. **客观性原则**

教育评价的客观性原则是指评价过程和评价结果应该实事求是，符合客观事实。

遵循此原则需做到：注重调查研究，整理和分析资料以客观事实为基础；评价标准、方法和态度都要客观，不带有主观偏执。

5. **可行性原则**

教育评价的可行性原则是指评价方案可被实施，评价指标和标准符合实际状况，实施和操作简单易行。

遵循此原则需做到：在保证科学的评价结果的前提下，尽可能简化评价实施过程和评价指标；从实际人力物力、时间空间等因素出发，确定合理的评价方案。

6. **教育性原则**

教育评价的教育性原则是指在评价活动中要以促进评价对象

向积极的方向发展，肯定优点改正缺点。

遵循此原则需做到：尊重评价对象，正确处理评价结果，有针对性地解决问题，多鼓励少批评。

7. 主体性原则

教育评价的主体性原则是指在实施评价过程中需对评价对象的主体地位给予肯定，充分发挥其主观能动性，积极自主地参与评价活动。在教育评价实践中，评价对象不但是评价的客体也是主体，既要被他人评价，同时又要对自己的状况进行价值判断。

遵循此原则需做到：调动评价对象的积极性，使评价成为自我认识、分析、控制、调节和完善的过程。

☆五、教育评价的功能☆

教育评价活动是使评价对象发生变化的作用和能力即教育评价的功能。主要有：

1. 鉴定功能

教育评价的鉴定功能是教育评价的基本功能，是指对评价对象的水平、优劣等价值的判断和认定，与教育评价活动同时存在。教育评价的鉴定功能决定它对评价对象有资格审查、等级区分和先进评选等鉴定作用。

2. 导向功能

教育评价的导向功能是指引导评价对象向教育教学目标前进，为教育朝正确方向发展指路，为学校办学指出方向，为教师和学生指出教与学的努力方向。教育评价的评价目的、内容和标准需体现社会主义现代化教育的方向性和客观性，符合国家教育的各项方针政策的要求。教育评价导向功能通过“评价—反馈—调整—再评价”的机制使评价对象不断地向教育目标要求的方向靠近，使教育工作者的工作不断完善，使学生的学习能力不断提高。

3. 激励功能

教育评价的激励功能是指合理地运用教育评价激发评价对象的潜力，调动被评价者的工作积极性和创造性，提高教育管理的效果。人类普遍存在的心理趋向是获得较高评价和实现自身价值的欲望，恰当的教育评价结果可以带给评价对象心理上的满足感，进而激励评价对象不断进步。要充分发挥教育评价的激励功能，需注意制定评价标准要适宜，确定于大多数评价对象经过努力便能达到的高度，标准过高或过低都不利于调动评价对象的积极性。只有公平、合理、客观、科学的教育评价，才能起激励作用。

早期教育评价的目的是“选择适合接受教育的儿童”，侧重于鉴定、选拔适合更高级别的教育活动的儿童，淘汰部分儿童。

现代教育评价的目的是“创造适合儿童的教育”，侧重于改进、激励和导向功能，促进儿童的个性发展。

4. 诊断功能

教育评价的诊断功能是指评价对教育效果和问题作出判断的能力。根据教育评价标准进行价值判断，诊断教育活动有问题的环节，找到原因才能有针对性地加以改进。

5. 调节功能

教育评价的调节功能是指对评价对象的教育教学或学习活动进行调节的功能。主要表现为：一是评价者根据被评价者的实际情况对评价目标及进程进行调节；二是被评价者通过评价进行自我分析和自我调节。

6. 管理功能

教育评价的管理功能是指为使评价对象顺利完成教育、教学或学习活动设定的任务达成预期目标的约束功能。

7. 教育功能

教育评价的教育功能是指评价对评价对象的思想品质与价值取向的能力。通过评价目标体系，利用自评和他评结合的方式，使评价对象找到差距，及时改进提高，自我完善。

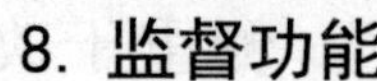

8. 监督功能

教育评价的监督功能是指对被评价对象监督检查的功能。各级教育管理部门通过教育评价对下级教育行政部门及学校进行监督和管理。

☆六、教育评价的方法☆

教育评价是对教育教学活动、过程和结果的价值判断过程，针对不同的评价对象的特点，采用不同的教育评价方法。教育评价方法有很多，常用的评价方法有以下几种：

1. 试题评价法

试题评价法包括主观题和客观题两类。客观题有明确的答案，可以客观地进行评分；主观题没有确定的答案，要求针对问题进行阐述，可以自由表达个体的观点，言之有理即可。试题评价法多用于学生学业成就测试。

2. 表现力测试评价法

表现力测试是指通过表演、手工操作等方式展示学生的语言表达能力、随机应变能力、想象力、创造力和学习实践能力等的评价法，在学业成就考评中常以辩论题、写作题和实验过程和技

能考核题等形式出现。

3. 评定量表评价法

评定量表评价法是指对评价对象近似客观实际情况的资料进行量化观察的测评方法。数字等级评定量表、图示等级评定量表、图示描述评定量表、检选式评定量表和脸谱图形评定量表是比较常用的形式，等级评定量表适用于过程和结果评价。

4. 行为对照表评价法

行为对照表评价法是根据教学目标及评价标准，把学生应该和可能发生的行为，按先后顺序以简短的语言描述出来，制成表格，请观察者以被评价对象的实际情况依次勾选，评定其行为表现是否符合标准的评价方法。此法适用于低年级学生的行为评价。

5. 轶事纪录评价法

轶事纪录评价法是指教师在自然状态下把观察到发生在学生身上的有效事件，进行记录并加以评价。

6. 同伴评定法

同伴评定法是指学生间根据一定的行为标准对其他同学的行为表现进行评价的方法，可以帮助教师提高评价的可靠度，增加教师的评定信心。

7. 成长记录评价法

成长记录评价法是根据教育目标，有意识地将学生的相关物品与其他有关证据收集记录，再对其进行分析整理，了解学生的发展状况，引导学生自我反思改进以获得更高的成就。

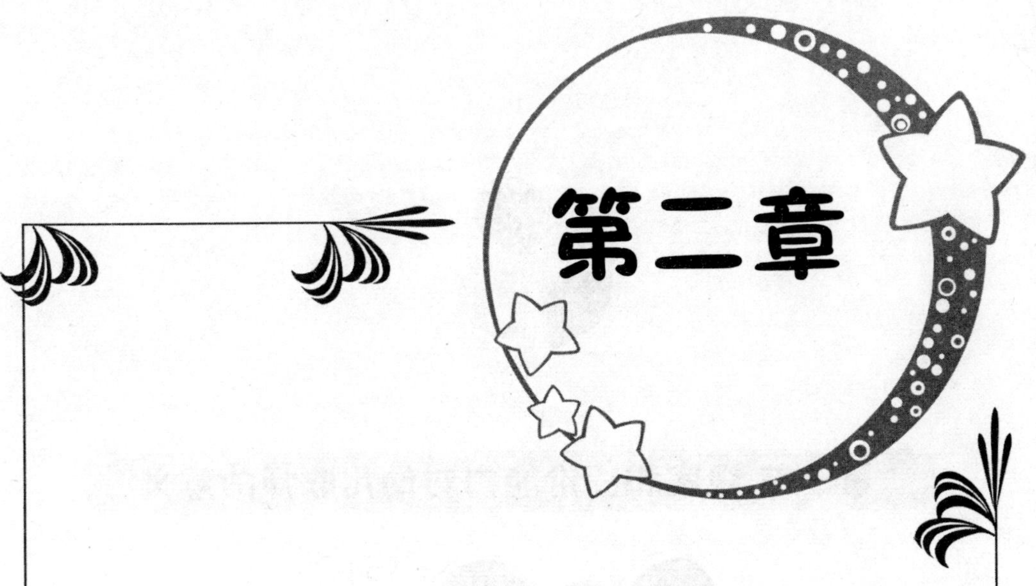

第二章

幼儿教师与教育观察和教育评价

第一节 观察和评价能力对幼儿教师的意义

《幼儿园教育指导纲要（试行）》中曾明确指出：教育评价是幼儿教育工作的重要组成部分，是了解教育的适宜性、有效性，调整和改进工作，促进每一个幼儿发展，提高教育质量的必要手段。想要做到《幼儿园教育指导纲要（试行）》中的教育效果，必须通过幼儿教师的教育观察能力来完成。因此，教育观察与教育评价都是幼儿教师在日常教学工作中应具备的能力。那么教育观察和教育评价对于幼儿教师到底有什么意义呢？

意大利著名幼儿教育专家蒙台梭利曾经说过："作为一名教育工作者，应该具有一双敏锐的眼睛。"在日常的教育工作中善于观察和发现。由此可见，教育观察能力对于一名幼儿教师来说是必不可少的。

教育观察是幼儿教师工作必备能力之一，是幼儿教师了解幼儿的重要手段。在日常工作中，幼儿教师应该敏锐地观察幼儿的动作、表情和语言等细节来了解幼儿的心态、情感及认知，有助于幼儿教育工作的展开和实施。

例如，通过幼儿教师观察发现，某小朋友平时在幼儿园中吃饭、做游戏、穿衣服等总是慢吞吞的，最后一个完成，因此总是受到其他小朋友的嘲笑，但是幼儿教师通过观察敏锐地发现了该幼儿更全面的行为特点。做事慢，但是做事认真；虽然经常受到嘲笑，但是特别乐观，很少对别的小朋友发脾气。这些都是这个小朋友的优点。

在这里就可以看出幼儿教师教育观察的重要性。具备教育观察能力的幼儿教师不会在教育活动中片面地对幼儿的行为下定论，避免了教育的盲目性。相反，不具备教育观察能力的幼儿教师在日常的教学工作中不能运用正确的教育行为，这样的幼儿教师是不称职的。

幼儿教师的评价能力指幼儿教师对幼儿的活动和在教育活动中所获得的认知水平进行判断能力的。幼儿教师具备评价能力，

可以科学、客观地了解班级幼儿的学习生活情况和教育效果，总结教育经验，从而改善教育工作。幼儿教师对幼儿的评价可以影响幼儿对物质世界的认识，对幼儿的发展起决定性的影响。

俗语“良言一句暖三冬，恶言一声寒暑天”，说的就是评价的作用。人是社会性生物，生活在社会中就会遇到不同的人对你的评价。狭义地讲，评价有赞扬和贬低两种。赞扬别人能让别人树立信心，赞扬别人也是自己修养的一种体现；而贬低别人是对别人努力的否定。那么对幼儿而言，幼儿教师的评价有多么重要呢？幼儿教师在日常教学工作中持续对幼儿采取正确的评价，幼儿会对物质世界形成正确的认识；换言之，幼儿教师带有个人偏见、错误的评价，会伤害幼儿的身心发展和情感，影响幼儿教师在幼儿心中的地位和威信。

在幼儿成长过程中，幼儿还没有形成正确的三观，做事的方法和做事的目的并不都是自己的本意，他们可能是为了得到教师或爸爸妈妈的赞扬，也可能因为看见其他人这么做过，还可能是因为别人的否定而做出一些在幼儿看来正确的事情。因此在幼儿教育工作中，教育评价至关重要，尤其是对幼儿的赞扬不可缺少。古语“数子十过，不如赞子一功”，说的就是赞扬的作用要远大于责备。

再比如上面案例中的那个做事慢吞吞的小朋友，如果幼儿教师在教学过程中对幼儿采取不同评价，会产生怎样不同的结果呢？第一种以赞扬为主并且在赞扬中指出幼儿的不足，如：“你做得很好，而且做得很认真，但是如果能更快一点的话就会更好哦！”第二种是对幼儿进行指责批评。两种不同的教育评价对幼儿的影响，第一种做法会使幼儿在教师的评价中得到肯定并认识到自己的不足，幼儿会在以后的学习生活中保持现在的优点，改掉自己的不足；而第二种做法会使幼儿在教师的批评指责中丧失信心，面对外部的事情越来越消极，这样对幼儿的教育成长非常不利。因此，幼儿教师的教育评价在幼儿的成长发展过程中至关重要，是幼儿教师在教育工作中必备的能力之一。

教育观察和教育评价是密不可分的，没有细致的观察就不会有正确的评价，作为一名合格的幼儿教师，必须充分掌握和运用这两种教育手段。

第二节 幼儿教师要培养观察能力

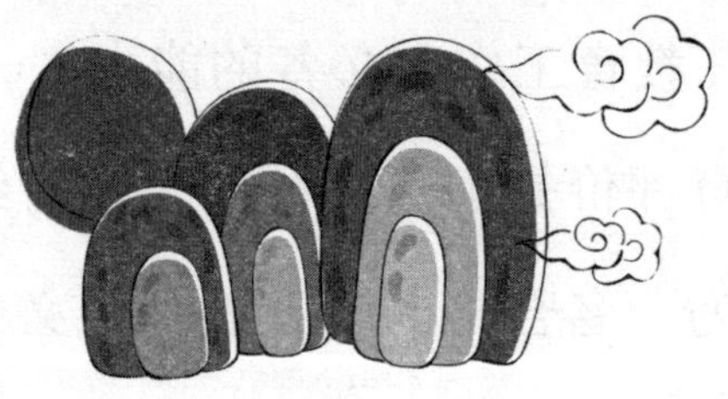

观察能力是幼儿教师在日常教学工作中不可或缺的基本素质，是幼儿教师的基本功。幼儿教师应该通过观察发现幼儿的特点，及时调整教育方案，因材施教。那么，幼儿教师要怎样培养自己的观察能力呢？

☆一、增强教育意识，加强对幼儿的观察☆

在教学工作中，幼儿教师不应该盲目地为了完成教学任务而忽略了对幼儿的反应的关注。幼儿教师应该全心全意，做到人到、眼到、心到、神到，关注幼儿的动作、语言和表情的变化，避免自顾自忙现象。幼儿教师每天都反问一下：“今天孩子们的表现怎么样？有什么变化吗？对孩子的行为表现我都注意到了吗？”

如果幼儿不喜欢去幼儿园，虽然家长和教师都问过原因但是孩子表达不出来，所以幼儿一直在抵触的情绪中来幼儿园。某天，教师组织孩子们一起做碰碰车游戏，而这个幼儿一直站在队伍的最后面，排到他坐上车的时候，一脸的恐惧，却不会哭，也不跟教师们说自己不想参加这个游戏。教师询问他是否要继续游戏的时候他也只是摇头并且一脸恐惧。最后教师把他带走去参加别的游戏。

事后，通过与家长的沟通了解到，这个幼儿在半年前从家里的电动车上掉下来过，虽然没有造成身体上的损伤，但是孩子一直很畏惧电动车。由于表达不清楚自己的想法，家长也没有认真观察孩子的一举一动，所以一直对此事不了解。孩子抵触上幼儿园也是因为家长接送孩子的交通工具是电动车而已。

案例中，幼儿还没有成熟的语言表达能力，只能通过自己的肢体语言和面部表情来表达自己的想法。家长没有注意幼儿的表达方式，忽略了幼儿的内心想法。教师通过幼儿在游戏中的变化，找到了幼儿不愿意去幼儿园的真正原因，与家长进行沟通找到了解决方法。

☆二、学会正确的观察方法，提高观察水平☆

幼儿教师观察能力是综合性的能力，需要幼儿教师必须掌握幼儿的生理和心理发展知识，拥有敏锐的观察力，通过幼儿的表现了解幼儿的心理活动。

1. 注意观察的整体性

幼儿教师要注意，观察不是随便看看，更不是保证幼儿不受外伤就可以的，而是让幼儿的德智体美劳全面发展。

2. 学习正确的观察方法

很多幼儿教师因缺乏经验，不知道如何进行观察，分不清观察的重点是什么。当幼儿出现问题时，幼儿教师才恍然大悟："这也要观察啊！"年轻的幼儿教师为避免这种状况发生，应该每天在工作之前先有计划、有目的地设计观察工作方案，确定自己的观察对象、观察目的、怎样观察，做到有的放矢。

3. 做好观察记录

幼儿教师应该及时将观察结果进行记录，汇总分析，提高观察水平。幼儿在参加集体活动时是对其进行观察的最佳机会。集体活动是幼儿的社交行为，是体现幼儿心理状态和对事物认知的关健场合。幼儿教师在观察过程中，坚持实事求是的科学态度，及时准确地记录幼儿的身体状况和异常表现，便于分析原因，有针对地解决问题。幼儿教师可以积极地组织集体活动，在集体活动中对幼儿的行为进行正确的指导，做到寓教于乐，让幼儿在游乐的同时扩展自己的认知。

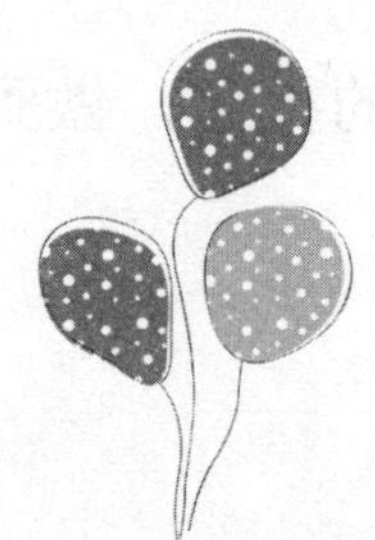

第三节 幼儿教师要学会恰当评价

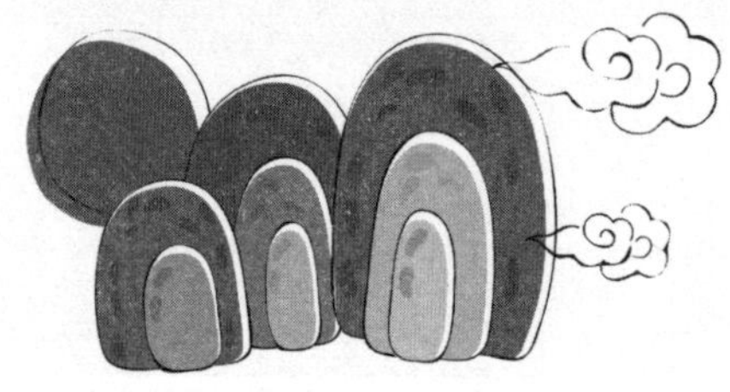

评价作为一种教育手段影响着幼儿的成长，幼儿从家长和教师的评价中获得对自己的肯定和否定。年纪越小的幼儿对教师越有一种特殊的感情依赖。在幼儿的眼里，幼儿教师不只是教师，也是他们的家长，是他们学习交流的榜样。因此，幼儿教师对幼儿的评价是至关重要的，恰当的评价对幼儿行为习惯和思想品德的形成有极其重要的影响；带有偏见或主观臆断的评价会使幼儿失去前进的信心。那么幼儿教师如何做到对幼儿恰当评价呢？

第一，为幼儿树立正确的学习观念。

对于幼儿来说，物质世界的一切都是新鲜的，都是幼儿学习的内容，幼儿是在玩中学，学中玩。要让幼儿知道知识的学习不是幼儿教师布置的任务，更不是幼儿获得赞扬的唯一途径。幼儿教师要让幼儿了解到学习知识是为了提高幼儿自身的素养，在日常的教学活动中不能一切以学习成绩为主，要全方位地了解幼儿，培养幼儿的德智体美劳全面发展。

第二，作为一名合格的幼儿教师就要做到对幼儿的评价要客观、全面，不能“简单化”评价，随便给孩子贴标签。

幼儿没有独立的自我评价能力，幼儿的自我评价依赖于成人对他的评价，特别是在幼儿时期，往往不加任何怀疑地相信成人对自己的评价。幼儿对教师的评价特别敏感，常常把教师对自己好的评价骄傲地告诉家长，也会把教师的评价作为自我评价和评价他人的依据。幼儿教师不能因为担心批评会伤害幼儿就一味地进行表扬，应该注意评价方式，正确引导幼儿判断是非的能力。

美国心理学家贝科尔认为：“人们一旦被贴上某种标签，就会成为标签所标示的人。”在幼儿的成长过程中存在着很多不确定因素，一旦被标上一些负面的标签对幼儿的身心发展极为不利。幼儿如果经常被评价为“笨”“差”“不卫生”等等，长此以往，幼儿就会在自己的心里对自己产生质疑，怀疑自己的能力，慢慢

地向着标签所标示的方向发展。有的幼儿被别人贴上了“聪明”的标签，会使幼儿认为自己天生就优秀，就像特异功能一样不会消失，骄傲自满，导致幼儿遇到问题不懂得努力，只靠小聪明。

第三，放大幼儿的优点，弱化其缺点。人无完人，每个人身上都有闪光点，也都有缺点。

幼儿教师要善于抓住幼儿身上的“闪光点”,看见幼儿的优点，注意幼儿的点滴进步，教师可以赞扬他，但是不能过度。适当的赞扬会让幼儿更加自信，相反过度的赞扬会让幼儿变得自大，过犹不及。面对幼儿的缺点，作为幼儿教师不能视而不见，却可以弱化他的缺点，但是在弱化的过程中也要指出问题所在，帮助幼儿克服困难，让幼儿在以后的学习生活中予以改正。

第四，幼儿教师要学会尊重幼儿，不揭短。并不是只有成年人才有自尊心的，幼儿一样有自尊心。

幼儿教师在与幼儿的接触中要时刻注意自己的言行，避免不稳定的情绪对幼儿的暗示作用，不要随便对幼儿作负面评价，尤其在公众场合，避免伤害幼儿的自尊心。多数家长认为在公共场合对孩子进行批评指责或者与其他幼儿进行对比是激励幼儿的一种方法。实际上，这种做法是错误的，在这种情况下，很多孩子会觉得“丢了面子”从而产生自暴自弃的想法。幼儿教师应该与家长进行沟通，指导家长运用正确的方式对幼儿进行教育。

幼儿入园后每天会在幼儿园度过长达 8 小时，因此每天与幼儿相处时间最多的就是教师。为了全面掌握幼儿的具体信息，为具体教学工作提供参考，幼儿教师应该学会如何观察幼儿，并且有效地进行记录，对幼儿的行为作出正确的评价。

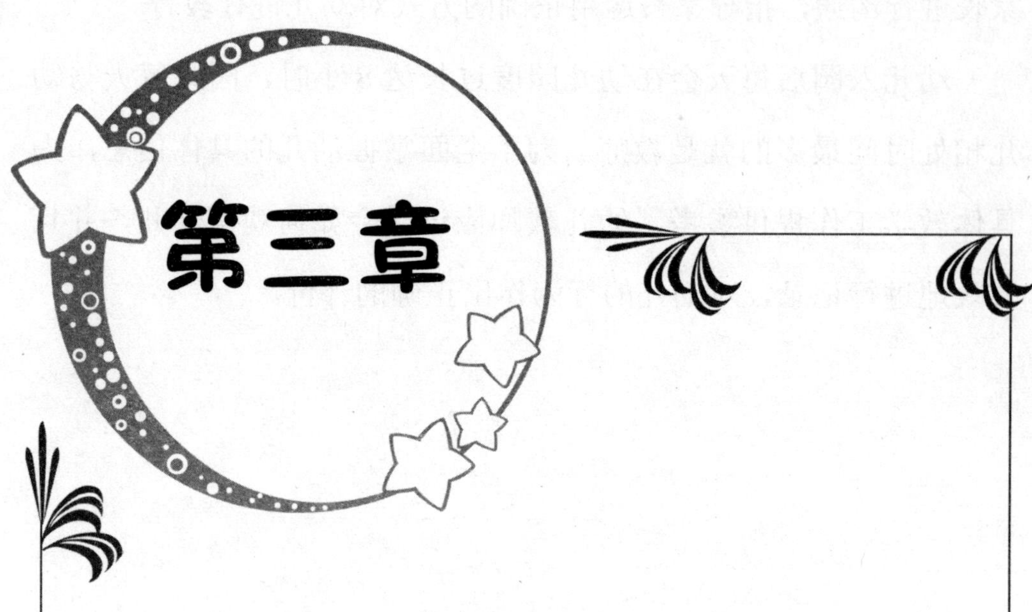

第三章

幼儿教师观察和评价的具体运用

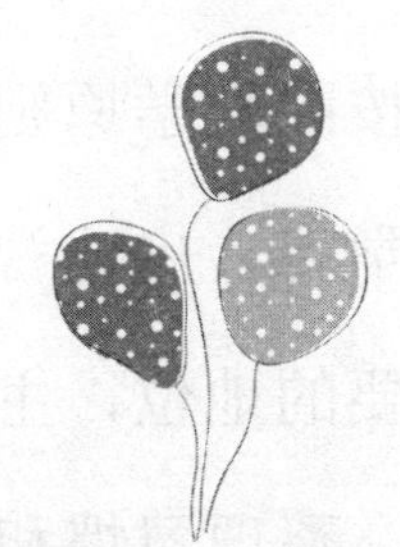

第一节 在幼儿日常生活中的运用

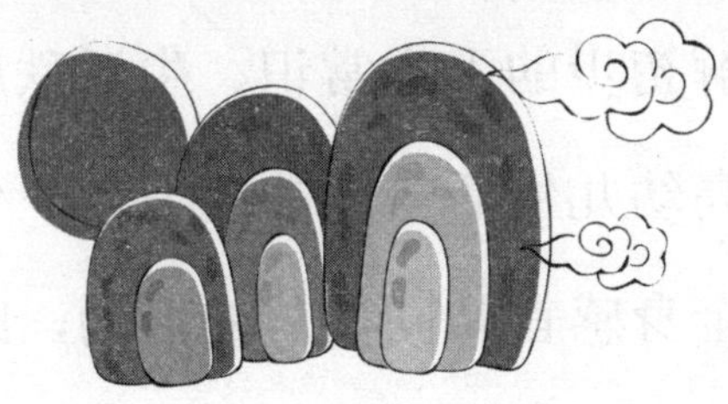

☆一、幼儿日常生活的概述☆

对幼儿来说，除了家庭之外，幼儿园就是他的主要成长场所。幼儿入园后每天会在幼儿园度过长达 8 小时，幼儿园里的各个活动，各个区域，各个课程对幼儿的健康成长发展起到了很重要的作用。

从广义来说，幼儿在幼儿园里的日常生活是由四大活动构成：区域活动、教学活动、生活活动和户外活动。区域活动是幼儿一种重要的自主活动形式。是以幼儿为主体，教师为指导，表现为“我要游戏”，而不是“要我玩”的活动形式。通过区域活动，幼儿可以更好地自由、快乐、健康地成长。教学活动是以教学班为单位的课堂教学活动。教师按照教学原则通过恰当的教学方法和教学内容，实现受教者相互学习、启迪智慧的目的。生活活动在幼儿的幼儿园生活中占有重要的地位，主要包括进餐活动、睡眠活动、盥洗活动、排泄活动、整理习惯和作息习惯等。侧重培养幼儿良好的作息习惯、睡眠习惯、排泄习惯、盥洗习惯、整理习惯等，帮助幼儿了解初步的卫生常识、生活秩序、卫生技能、用餐方法等，逐步提高幼儿生活自理的能力。户外活动是以个体或群体的方式，动用全身感官共同参与的活动，既有利于增强幼儿抵抗能力、生长发育，又有利于满足孩子好动与探究的本性。

☆二、对幼儿日常生活的观察要点☆

1. 幼儿生活自理能力的观察要点：自我服务的意识和能力、幼儿在园里和在家庭中的自我服务表现是否具有一致性。

2. 幼儿生活习惯的观察要点：进餐、午睡、饮水等。

案例 1：进餐活动

●观察背景

幼儿在入幼儿园之前，都是在家进餐。大多数幼儿因为受到长辈或父母的溺爱，存在挑食，偏食的现象，个别的还需要大人喂饭，可到了幼儿园，每个幼儿一人一份饭、一份菜，教师不可能一个一个地去喂。如何让幼儿在幼儿园吃得好、吃得卫生、吃得愉快呢？这就要求教师帮助幼儿形成良好的进餐习惯。

●观察对象

中班的全体幼儿

●观察地点

教室

●观察目的

（1）培养幼儿养成良好的进餐习惯。

（2）为纠正幼儿的不良饮食习惯提供参考。

●行为观察

幼儿在饮食习惯方面还存在一些不良习惯，尤其是挑食和进餐姿势方面，需要慢慢地培养和纠正。

●观察记录

（1）进餐前

幼儿在进餐前，教师做了两方面的准备活动，一是组织幼儿一起收拾教室里的玩具，整理桌面。幼儿能够积极地与教师一起摆放桌子和擦桌子。然后组织幼儿入厕，洗手。对于中班的幼儿来说，他们可以做到相互帮助卷袖子，并在洗手后擦干手上的水，不在洗手间里打闹。回到教室后，大多数自理能力强的幼儿能够帮助教师分发碗筷、餐巾。另一方面，在幼儿等待时，教师为幼儿播放了一个轻松有趣的小故事，有效地缓解了幼儿急躁的情绪，培养他们安静等待同伴一起进餐的习惯。在这期间，教师及时鼓励和表扬了大多数能够做到安静等待的幼儿，并以奖励小红花的方式表扬幼儿。

（2）进餐时

教师给每个幼儿发放了餐饭后，幼儿开始陆续吃午饭。教师观察到轩轩没有吃青菜，巡视一圈其他幼儿后再回来观察轩轩，轩轩餐盘里的青菜还是没有吃。大概 20 分钟后，班上只有 4 名幼儿没有吃完，其中就有轩轩。其他三个幼儿还在进餐，轩轩咬着勺子发愣，好像没有继续进餐的意思，她餐盘里的青菜和米饭都没有吃完。经过教师的询问后，轩轩用勺子盛着米饭几粒几粒地往嘴里送，然后嚼着，勉强吃了一口青菜，再也没有吃第二口。轩轩吃完饭后，青菜剩了很多，桌子上也掉了不少的饭菜。

（3）进餐后

教师观察到进餐后大多数幼儿能够主动地先漱口后擦嘴，收拾自己的碗筷，并送好餐具，端着小椅子，在指定的位置休息。经过小志和小微身边时发现他们的地上都掉了一些饭粒，但他们都置之不理。于是教师引导大家找找桌子上或者地上的小饭粒。这时有的幼儿转过头找桌上的小饭粒，有的低下头去找地上的小饭粒。大多数没有发现饭粒的幼儿非常骄傲，并举手示意自己表现得非常好，吃饭时没有掉在桌子上或者地上的饭粒。而个别发现饭粒的幼儿马上捡了起来，送进垃圾桶里。最后，教师和幼儿一起进行轻松谈话，鼓励大家说说吃饭时该注意些什么才能不掉饭粒，大家一起交流正确的坐姿和吃饭方式。

●事件分析

（1）《幼儿园教育指导纲要（试行）》中对幼儿的饮食习惯提出的要求是：安静愉快地进餐，正确使用餐具，饭后擦嘴；细嚼慢咽，不挑食，偏食，不剩饭菜；就餐时，不发出声音，不乱扔残渣，饭后收拾干净，掌握正确的就餐姿势等。而通过本次观察后发现个别幼儿仍然存在一些不良的饮食习惯。比如吃饭时，不会熟练地使用勺子，边玩边吃饭，不吃青菜，掉饭菜，剩饭菜，吃饭拖拉等。

（2）在进餐前，案例中教师为幼儿做好餐前的信息传递及诱导工作，让幼儿洗手，听故事，为幼儿创造了愉快、轻松的进餐环境，以鼓励表扬的口吻激励幼儿进餐，及时以奖励小红花方式表扬幼儿。

（3）从儿童生理、心理发育的过程来看，发育正常的孩子都可以在两岁左右学会自己吃饭，这是他们应该具备的生存能力。从上面的观察看来，轩轩已经具备了独立吃饭的能力，可是没有良好的进餐习惯，需要教师和家长加以沟通和配合，共同纠正幼儿的不良习惯。

（4）教师通过观察，发现有个别孩子由于坐姿和吃饭方式不正确等原因，使得桌子上地上掉了一些饭粒，而且他们也不会自觉地收拾，只有通过提醒，他们才能意识到。饭后休息时，教师为此开展了关于怎样吃饭不掉饭粒以及如何主动处理掉了的饭粒的谈话活动，更具感染力。中班孩子开始从自己向他人的世界过渡，并开始具有一定的判断是非、解决问题的能力，因此，教师采用鼓励幼儿通过自我观察发现问题和同伴互助的教育方式，找出问题的焦点所在，以及根据问题想出有效的解决办法，有利于幼儿今后养成良好的用餐习惯。

●应对措施

（1）与家长达成共识共同培养幼儿的进餐习惯。针对个别幼儿的个别情况，教师可以单独和家长进行沟通和交流，让家长了解自己的孩子哪些方面存在问题，个别纠正。同时也要向家长介绍有关幼儿饮食习惯的培养方法，帮助家长树立良好的饮食教育观念，达到幼儿园和家庭共同培养。比如案例中的轩轩，父母要正确认识孩子吃饭的问题，不必过于心急，教给幼儿正确使用勺子的方法和饮食习惯。在平时多和幼儿谈论哪些食物好吃，哪些有营养，唤起孩子对吃饭的兴趣，养成不挑食不偏食的好习惯。

（2）教师可以设计一些关于进餐好习惯的游戏和课程。如果孩子成功地自己吃饭，饭后可以发五角星或者小红花作为奖赏，让孩子们产生关于吃饭的快乐的记忆，以后对吃饭就不会排斥了。

●效果评价

经过一个多月的引导和教育，本班内大部分幼儿吃饭挑食、偏食的现象有所改变，孩子们有了明显进步。个别有问题孩子的家长对教师的工作十分满意，教养观念有所改变，并向教师反映孩子在家的表现，共同促进孩子养成很好的进餐习惯。

案例 2：阅读区活动

●观察背景

好奇、好动、缺乏耐心和持久力是孩子普遍的心理特点。他们喜欢的阅读方式是一会儿翻翻这本，一会儿翻翻那本，他们的目光往往被自己最感兴趣的画面所吸引，很难做到从头到尾仔细阅读。为此，教师更应该注意培养孩子的阅读兴趣、阅读习惯以及相应的阅读能力。

●观察对象

大班全体幼儿

●观察地点

本班阅读区

●观察目的

（1）观察全体幼儿的阅读行为。

（2）帮助幼儿养成爱护图书的好习惯。

●行为观察

教师通过观察发现大多数幼儿都非常喜欢区域活动，但是个

别幼儿在阅读活动时出现了一些不太好的行为和习惯。

●观察记录

教师带领幼儿在本班阅读区选择自己喜欢的图书，并自由展开阅读活动。大多数幼儿在选择图书时，能够做到有序、谦让、自主。没过多久，教师发现淘淘已经坐不住了，开始东张西望，离开自己的小椅子。

这时，玲玲一边看书一边发出了笑声，十分投入。淘淘迫不及待地凑到玲玲身边，好奇地看玲玲手里的书。当玲玲翻看到有趣的内容时，他们都高兴地笑起来。

淘淘突然一把抢过玲玲手里的书，想自己看。

玲玲生气地说："给我书，那是我的书。"

淘淘把书举得老高，大喊："我想看，我不给你看。"

"你再不给我，我就告诉教师。"

淘淘一下子把玲玲推倒在地，生气地说："我才不怕呢！"说完，淘淘跑到一边，坐在小板凳上自顾自地看起来。

玲玲站在原地大哭。

教师赶紧来到玲玲身边，玲玲向教师哭诉："淘淘抢我的书，不给我。"

●事件分析

大班幼儿好动，自我控制能力差。刚开始，他们还能安静下来，坐在板凳上翻看书，可是过了一会儿个别幼儿就会出现乱翻、

乱串现象。就像案例中的淘淘，通过对他的观察发现，他在与小朋友交往时，经常有攻击性行为，不善于使用礼貌语，经常采用争夺的方式解决问题，很多小朋友对他意见很大，经常向老师告他的状。

●应对措施

（1）教师在投放材料时要注意幼儿的兴趣，要符合幼儿的年龄特征。可以让幼儿带几本自己的书，与大家进行分享和交流。这样能够更加符合幼儿实际，满足幼儿对图书的需求，从而达到比教师反复强调纪律性更好的效果。

（2）教师可以采取游戏的形式，培养幼儿养成正确的读书习惯。在区域活动时，教师要教育幼儿爱护图书，热爱读书，告诉他们抢书的行为是不对的。

（3）教师可以采取互相监督的方法，引导幼儿在交换图书时做到礼让，学会使用礼貌用语进行交换。

（4）针对淘淘的情况，教师应该有针对性地进行个别指导，在建立良好亲密的师生关系的基础上，通过交谈告诉他一些道理，把严肃的批评教育改成和气的商讨和建议，在交谈中友好地接纳、理解他的一些不同意见。

（5）在幼儿成长这个阶段，赏识教育显得尤为重要。赏识可以发现孩子的优点和长处，激发孩子的内在动力，帮助孩子扬长避短。针对淘淘的情况，教师可以从赏识的角度出发，培养集体

和分享意识，同时在孩子中建立良好的形象，让他交到更多的朋友。

●效果评价

让幼儿自带图书投放到阅读区，经过几天的试行，幼儿看书时的纪律明显得到提高。抢书现象越来越少，尤其像淘淘这样比较调皮的孩子，也能够有礼貌地与他人进行交换图书。

案例3：午睡

●观察背景

午睡是幼儿一日生活中的重要环节，这一环节管理组织不好，会影响整个下午的活动，也会影响幼儿的身心健康。

●观察对象

小班幼儿瑶瑶

●观察地点

小班幼儿午睡室

●观察目的

（1）培养幼儿良好的午睡习惯。

（2）采用积极鼓励的方式加以引导，提高幼儿的睡眠质量。

●行为观察

幼儿受个体差异的限制，有的幼儿天生睡眠少，有的入睡时间慢，甚至还有的整个中午不午睡。通过平时的观察与了解中发现，小班幼儿乐乐就是唯一睡不着的孩子。针对个别幼儿的情况，

需要幼儿教师采取得力的管理方法，帮助和引导他们养成午睡的习惯。

●观察记录

记录（一）

午睡的时间到了，孩子们安静地来到午睡室，伴随着轻柔舒缓的音乐声，大多数幼儿脱好衣服，盖上被子，安静地午睡了。过了一会儿大部分幼儿都沉沉地睡熟了。老师听见了窸窸窣窣的声音，原来瑶瑶不但没睡着，还在弄扯被子、毯子，身体扭来扭去，动个不停，把被子、毯子搞得乱七八糟，两只眼睛瞪得老大老大。

记录（二）

在午睡室，大多数幼儿沉睡在甜甜的梦乡中。忽然，传来一阵轻微的抽泣声，老师起身去查看，原来是乐乐躲在被窝里哭，她看到老师后哭着告状："瑶瑶打我。"原来瑶瑶睡不着觉，就开始鼓弄旁边的乐乐，不让她睡午觉。

●事件分析

通过与瑶瑶的父母沟通了解后，老师得知瑶瑶从小就没有午睡习惯。瑶瑶在上幼儿园之前，因为父母忙于工作平时没有时间，老人岁数大，平时也懒得哄她睡午觉，所以瑶瑶在家里一直没有午睡过，久而久之便养成了她不爱午睡的习惯。

●应对措施

（1）老师应采用“循序渐进”的方式，毕竟瑶瑶长期没有养成午睡的习惯，不可能在短时间改掉不午睡的坏习惯。老师可以尝试坐在她旁边拍拍她，或者给她讲故事，帮助她睡眠。如果她在床上翻来覆去睡不着，老师也可以和她一起做一些安静的游戏，让她慢慢不讨厌午睡，鼓励和引导她认识到午睡对身体健康是有好处的。

（2）老师应与家长及时沟通和配合，共同培养幼儿养成良好午睡习惯。《幼儿园教育指导纲要（试行）》中指出：家园配合是教育幼儿最好的渠道。如果幼儿平时在幼儿园午睡，可是周末在家里却没有午睡习惯，那么幼儿是不可能养成良好的睡眠习惯。因此，老师应与瑶瑶的家长联系，要求家长积极配合，使幼儿能在家中也养成午睡习惯。

●效果评价

过了一段时间，老师发现瑶瑶不再觉得睡觉是一件苦恼的事，而且她入睡的速度快了，时间也长了。周末在家里虽然午睡的时间不太固定，但是也能坚持养成午睡习惯。

☆三、幼儿日常活动的观察与评价☆

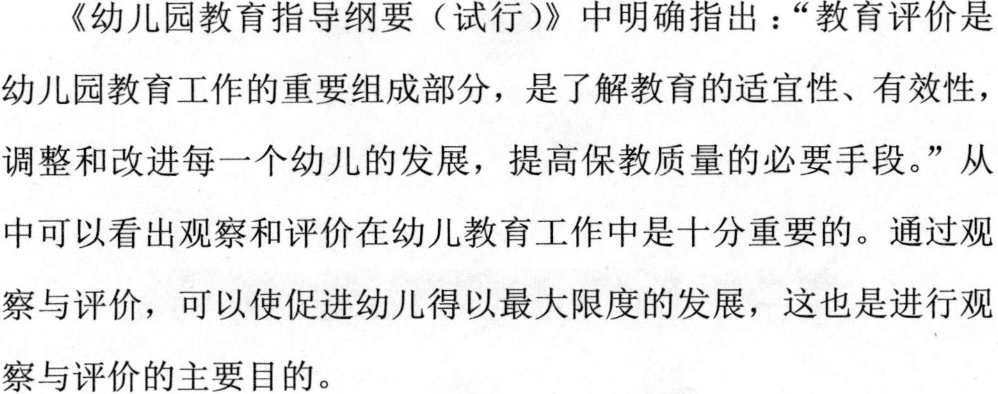

《幼儿园教育指导纲要（试行）》中明确指出：“教育评价是幼儿园教育工作的重要组成部分，是了解教育的适宜性、有效性，调整和改进每一个幼儿的发展，提高保教质量的必要手段。”从中可以看出观察和评价在幼儿教育工作中是十分重要的。通过观察与评价，可以使促进幼儿得以最大限度的发展，这也是进行观察与评价的主要目的。

通过案例记录的方式，观察幼儿在日常生活中的表现，了解他们的现有水平和发展状况，并制定幼儿发展的应对措施和对策，充分挖掘幼儿的潜力，促进幼儿的发展。然后再针对幼儿日常活动的观察进行评价，可以有效地读懂幼儿的行为表现，并对幼儿的发展状况做出合理的评价。重点是评价幼儿在日常生活中的情绪与情感体验、兴趣爱好、生活习惯、交往能力、生活技能等。

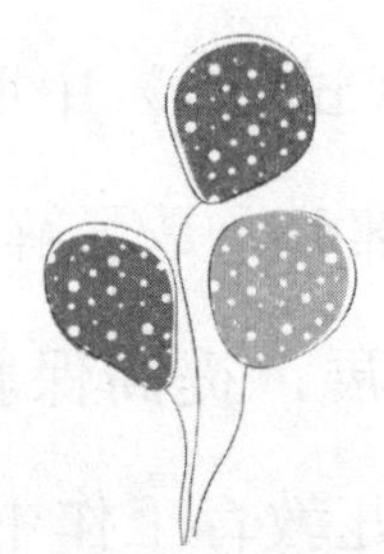

第二节 在幼儿语言教育活动中的运用

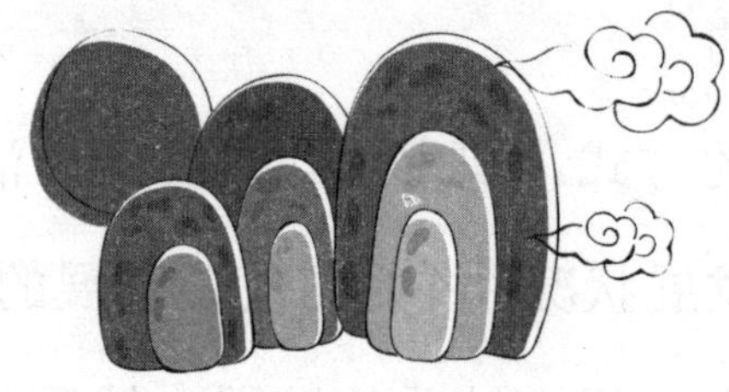

☆一、幼儿语言教育的概述☆

幼儿语言教育是指对幼儿进行基本的语言训练，包括幼儿基本的语言表达、日常理解和表达，并能够通过自己组织的语言表达思想和意愿。幼儿语言教育活动贯穿于幼儿的一日生活中，无论在家还是在幼儿园，幼儿在各类活动中总是有意无意地与教师、同伴及家长进行语言交往。

幼儿语言教育的内容：学习本民族的语言符号系统，在我国主要指现代汉语的语音、词汇、语法及表达方式；学会运用语言，其中包括语言的功能、语言交际规则和语言运用实践训练；学习和欣赏由艺术语言构成的文学作品。

幼儿语言教育的目标：《幼儿园教育指导纲要（试行）》中提出语言领域的目标是："乐意与人交谈，讲话礼貌；注意倾听对方讲话，能理解日常用语；能清楚地说出自己想说的事；喜欢听故事、看图书；能听懂和会说普通话。"可以把幼儿语言教育的目标划分为四个大方面，即倾听、表述、欣赏文学作品和早期阅读，并强调幼儿的主动学习，要将听、说、读、写等语言教育内容自然地寓于活动中。

☆二、对幼儿语言教育活动的观察要点☆

1. 幼儿倾听能力的观察要点：倾听的意愿、倾听的能力。

2. 幼儿表达能力的观察要点：表达的意愿、表达的能力、文明用语习惯。

3. 幼儿早期阅读活动的观察要点：阅读意愿、阅读能力。

案例 1：谈话活动

●观察背景

谈话活动是幼儿园语言教育活动的一种活动形式。教师在为幼儿创设轻松、愉快、自由的语言氛围下，组织幼儿围绕一个有趣的话题而展开对话交流，促进幼儿学会倾听、表达。在谈话活动中，教师发现个别性格内向的幼儿不敢举手回答问题，也不肯开口主动进行交流。

●观察地点

中班

●观察目的

（1）通过观察了解个别性格内向的幼儿语言方面的行为。

（2）培养幼儿阅读兴趣，并养成阅读的好习惯。

●行为观察

教师通过观察发现大多数幼儿对自己喜欢的话题都能够积极主动地参与，并表现出非常喜欢谈话活动，但是个别幼儿在谈话

中表现出不愿意主动发言，当教师提问时，表现出十分紧张，只会用摇头和点头来表示，不肯开口说话。

●观察记录

在谈话活动时，教师先让幼儿看了一段录像，看完录像，教师向小朋友们提问说：

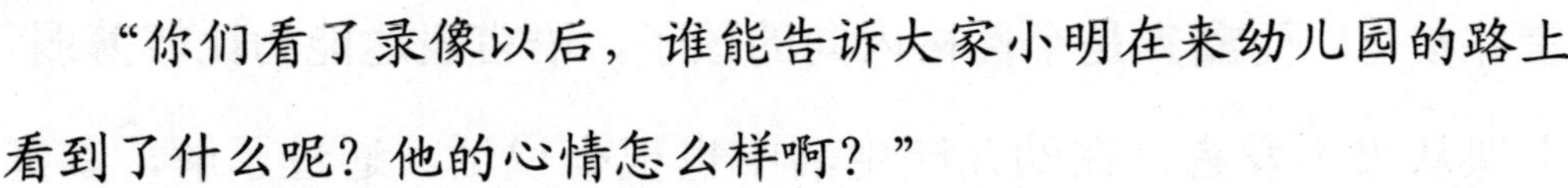

“你们看了录像以后，谁能告诉大家小明在来幼儿园的路上看到了什么呢？他的心情怎么样啊？”

孩子们七嘴八舌地议论开了。

教师首先请萧萧发言，她低着头说：“小明看到了邻居家奶奶买菜回来了，奶奶给了他一个大苹果，他非常高兴。”

“说得真好，谁知道他还看到了什么？”

兮兮抢着举手发言：“他还看到了一只狗，那只狗对他汪汪大叫，小明被吓跑了。”

“下面请大家谈论一下，说说自己在来幼儿园的路上的所见所闻，好不好啊？”

“好！”

小朋友们又议论开了，当教师说“谁想来说一说”时，兮兮把小手举得高高的，嘴里还不停地说：“老师，老师。”

小朋友们都抢着回答教师提出的问题。教师发现鑫鑫的眼神一直盯着教师看，却没有举手。于是，教师让鑫鑫回答问题。鑫

鑫看着大家，她的小脸胀得通红，两手搓着裙角，当教师鼓励她时，她抬起了眼睛，结结巴巴地慢慢地一个字一个字地冒出了一句话。教师表扬了鑫鑫对于问题的思考，鑫鑫坐在椅子上，脸上露出笑容看着教师。

●事件分析

（1）在案例中，大多数幼儿在语言活动中能够积极主动地发言并参与，而鑫鑫是个性格内向的孩子，语言表达能力比较薄弱，上课从来不发言，在幼儿园生活中也很少说话。通过了解，鑫鑫与同伴交往时不喜欢说话，因此很多小朋友不喜欢和她交往。她和教师说话时也只是点头摇头，就是发言，声音也很小。

（2）通过与家长沟通了解到，鑫鑫开口很晚，小时候只会用摇头和点头来表示，久而久之她与家人交流不说话，就点头摇头。因为家人能够猜出鑫鑫的想法和心思，鑫鑫也习惯用点头或摇头来表达自己的意思，即使家人说得不对，她也不喜欢说出自己的想法。

●应对措施

（1）针对鑫鑫的情况，教师将鑫鑫在幼儿园的表现及时告知其家长，建议他们在平时抽出时间多陪陪鑫鑫，多和她进行语言交流，交流的时候语速放慢，鼓励她用完整的语言表达自己的需求和想法，而不要一味地只是用点头或者摇头回应。

（2）教师在幼儿园多关注鑫鑫语言、交往能力的发展。应多鼓励鑫鑫与伙伴在一起玩耍，沟通，让他们有充分交流、交往的机会，鼓励她慢慢开口讲话，能完整地表达自己的愿望，促进她的语言交往能力，而不要用点头和摇头来表达自己的意愿。

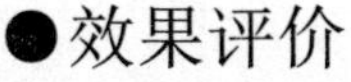

●效果评价

通过教师对鑫鑫语言发展的观察，并对其语言能力进行了客观的评价，鑫鑫是一个聪明懂事的孩子，只是不愿意用语言表达自己的想法和意愿。经过一段时间对她的关注，教师通过多鼓励，多表扬，让鑫鑫逐渐感受到成功感，说话的次数明显增加，而且也愿意和教师、小伙伴亲近、交流。在家里，她也愿意和家长说话、交流。虽然她还是经常会用点头或摇头表达，但是和之前相比已经有了明显的改变。

案例2：分享阅读活动

●观察背景

幼儿期是语言发展的关键期，教师应创造条件让幼儿在阅读活动中获得最大的语言发展机会至关重要。因此，教师在开展分享阅读活动过程中，要给予幼儿相对的自由探索、自由操作、自由表达的空间和机会。然而在分享阅读活动中，教师不止一次发现很多孩子频繁换书，或者不断地询问教师或同伴书上的内容，分享阅读活动不停地被打断。

●观察对象

大班幼儿

●观察地点

本班教室

●观察目的

（1）了解幼儿在自主阅读中遇到较多的问题和困难。

（2）通过经验分享，引导孩子自己去解决阅读困难的办法。

●行为观察

在分享阅读活动中，教师让幼儿带来了两本自己喜欢的故事书。在幼儿交换图书的过程中，教师发现很多幼儿并没有看完就开始频繁地交换。当分享阅读活动结束后，个别幼儿发现自己的图书出现了掉页或者破损的现象。

●观察记录

分享阅读活动开始，教师首先向小朋友们介绍了自己带来的一本绘本故事，然后向大家讲述了这个故事的内容，最后和大家分享了自己阅读后的感想和心情。

教师组织大家进行故事图书交换分享活动。教师看到辰辰迫不及待地与娇娇交换了一本绘本，回到座位上开始阅读。刚开始，他还能一页一页仔细地翻看，可是没翻几页就不耐烦了，很快一本绘本就翻完了。他拿起这本绘本又去和别人进行交换。在分享阅读经验的过程中，教师问辰辰：

“辰辰，在交换图书时你最喜欢哪本书？”

辰辰摸着脑袋不知道如何回答。

“那你知道你手里的这本书里面讲的是什么故事吗？”

“我当然知道，是狼的故事！”

“狼和其他动物发生了什么故事呢？”

“我没看懂。”

辰辰不知所措地看着自己手里的书。当教师提问几个幼儿后

发现，个别幼儿因为具有良好的阅读习惯，能先看封面和书名，接着一页一页地阅读，所以在交流分享故事时能够讲述出故事的主要内容并表达出自己的看法。而大多数幼儿因为没有养成良好的阅读习惯，掌握正确的阅读方法，往往不能合理地组织语言并完整地表达一件事情。

●事件分析

（1）大班幼儿已经能关注绘本主要的内容，比如：出现了哪些人物，发生了什么主要事情，但是，他们往往会在阅读中遇到看不懂的文字，这时他们有时会找教师帮忙解答，或与同伴交流，有时会自动放弃阅读。比如案例中的辰辰，当他遇到看不懂的地方时，便不再继续阅读，而是再进行交换图书。说明他由于看不懂绘本的内容，体验不到绘本所带来的乐趣。

（2）在分享阅读经验时，大多数幼儿不能完整地表述故事主要内容，说明了他们选择的图书不是自己感兴趣的书。案例中的辰辰，口语表达能力一般，有一定的词汇量，与同伴交流时，能用普通话表达清楚自己的意思，对阅读图书有一定的兴趣，但是在这次活动中却没有讲述一个完整的故事，说明他对自己选择的书没有多大兴趣，更谈不上体验阅读中的乐趣，喜欢这次阅读分享活动。

（3）从幼儿的交流中可以发现，幼儿在阅读中遇到困难时教师应该适时地介入，指导幼儿阅读首先要让幼儿选择自己感兴趣的书，其次就是指导幼儿阅读故事内容，教师可以多提些问题，让孩子带着问题去阅读，边读边思考，最后让孩子用自己的话讲述故事内容。让幼儿带有目的去阅读，才能引导幼儿在阅读中学习新方法、获得新经验。

●应对措施

（1）在平时的阅读活动中，教师可以有意识地引导幼儿掌握一些阅读技巧。可以从仔细观察人物的表情、动作中，了解人物的心情，可能会做的事以及他们可能会说什么话等。

（2）教师可以与家长沟通配合，指导家长多利用空闲时间陪伴幼儿阅读，体验亲子阅读带来的乐趣，尽量帮助幼儿养成一定的阅读习惯。

（3）在指导幼儿阅读绘本时，教师要提示幼儿一页一页来看画面内容，引导幼儿做到从头到尾仔细阅读，这样有助于激发幼儿的阅读乐趣，提高幼儿的阅读能力。

（4）鼓励幼儿在阅读遇到困难时，学会互相合作和交流，共同分享书中的快乐，解决阅读困难，从而提高幼儿阅读的积极性。

●效果评价

针对辰辰阅读行为的指导，使他对阅读活动越来越投入，而且获得了其中的乐趣，并能将过去的阅读经验加以运用。尤其遇到自己看不懂的文字时，能够主动与同伴结伴阅读，共同解决阅读困难，从而逐渐喜欢上了分享阅读活动。

☆三、幼儿语言教育活动的观察与评价☆

幼儿的语言学习是一个漫长、持续的过程，只有对幼儿进行科学、全面的观察分析，因材施教，才能更全面地关注幼儿的想法和做法，更进一步地了解幼儿在语言活动中的兴趣和学习方式，帮助教师更准确、更深刻地对每一个幼儿作出针对性的评价。

《幼儿园教育指导纲要（试行）》指出：对幼儿评价的过程，是教师运用专业知识审视自己教育实践的过程，发现、分析、研究和解决问题的过程，也是其自我成长的过程。在对案例观察评价中，教师要根据幼儿语言学习的实际情况确定观察内容，一旦确定了观察内容，就要实施有计划、有步骤的观察与评价，这个过程是教师了解幼儿不断进步、不断探究的过程。

每一个孩子都是一本耐人寻味的教科书，正如爱德华·滋教授所说的“孩子有一百种语言”。当教师与幼儿一起回顾案例观察与评价时，不仅仅是让幼儿回忆自己的活动情况，而且还为教师提供了一个再次倾听、再次观察、再次思考、再次评价幼儿的独特机会。

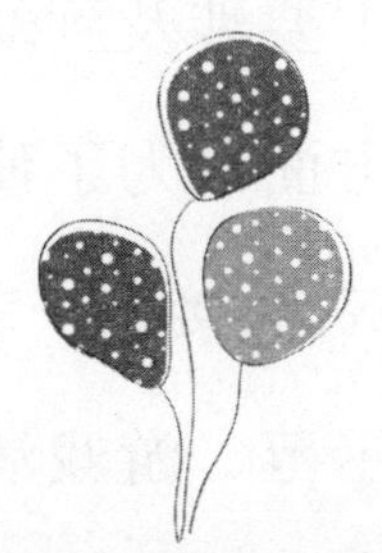

第三节 在幼儿健康教育活动中的运用

☆一、幼儿健康教育的概述☆

幼儿健康教育是幼儿教育的基础，它根据幼儿身心发展的特点，提高幼儿健康认识，改善幼儿的健康态度，培养幼儿的健康行为，是保持和促进幼儿健康的系统的教育活动。

《幼儿园教育指导纲要（试行）》中对幼儿健康教育提出了明确的要求 :“幼儿园必须把保护幼儿的生命和促进幼儿的健康放在工作的首位。”幼儿园健康教育活动是教师专门为幼儿设计并组织的教育活动，在开展活动时通过多种手段，有计划、有目的、有组织地使幼儿掌握健康知识，形成健康意识，培养健康行为能力，维护和促进幼儿身心健康。

幼儿健康教育活动内容主要涉及到幼儿的生活教育、安全教育、身体锻炼、心理健康等方面。为了使幼儿能够积极主动地参与到教学活动中，而不是被动地接受，教师可以运用多种方法，比如讲故事、念儿歌、动作示范、游戏活动、讨论交流、角色表演、实践观察、课件展示等。从幼儿不同年龄阶段的身心发展水平出发，幼儿健康教育活动注重幼儿养成良好的生活习惯、卫生习惯和行为习惯，满足幼儿对健康和卫生知识学习的兴趣和求知欲。在引导幼儿学习时，要引导幼儿在无意中产生学习兴趣，逐渐产生学习意愿，在快乐中学习，注重调动幼儿的积极性、主动性和创造性，这样便可以收到较好的教学效果。

☆二、对幼儿健康活动的观察要点☆

1. 幼儿情绪的观察要点：情绪的稳定性、情绪的表达。

2. 幼儿卫生习惯的观察要点：进餐卫生、清洁卫生、个人卫生。

案例 1：嫉妒心理

●观察背景

嫉妒是一种负面情感，会对幼儿的健康成长产生消极影响。幼儿上了幼儿园后，与同伴的接触多了，进行比较的机会也随之增多，有些幼儿因为同伴赢得了一朵小红花或受到教师表扬而自己没有被表扬变得闷闷不乐；有些在竞赛游戏中因为同伴跑得比自己快而感到不高兴；有些则对比自己衣服漂亮的同伴莫名其妙地感到不快……这就是嫉妒。教师及父母必须了解幼儿的嫉妒心理及表现，把握一定的教育矫治方法，对幼儿的嫉妒心理及行为进行及时而有效的教育引导。

●观察对象

大班的诺诺在自理方面表现得非常出色，但在班上爱“惹是生非”，常与同伴发生争执，同伴们因此不愿意与其交往。她的行为不仅影响了班级的正常秩序，也因此受到同伴排斥，情绪低落，心理不平衡。

●观察地点

本班教室

●观察目的

（1）引导幼儿诺诺纠正嫉妒心理。

（2）引导幼儿树立正确的竞争意识。

●行为观察

能力较强的幼儿往往表现得很自信，但是当存在竞争压力时，他们会感觉到自己没被“重视”和“关注”，就会对别人产生嫉妒。特别是一些经常受到夸奖和宠爱的幼儿更容易出现这样的问题。

●观察记录

教师组织全体幼儿开展绘画活动。幼儿作画完毕后，教师总是对画得好的小朋友的作品进行讲评并贴在黑板上让幼儿学习欣赏。每次都是诺诺的作品第一个进行讲评，贴在第一个。因为诺诺的妈妈是画家，耳濡目染，诺诺的作品也显得跟其他幼儿很不一样，教师就常常夸奖她。而这次，教师讲评过诺诺的作品后，对乐乐的作品也格外赞赏。

绘画活动后，教师将所有的作品都贴在班级墙壁上作为展览，当教师将乐乐的作品贴在第一个、诺诺的作品贴在第二个后，诺诺叫起来：“我不要贴在第二个。”随后伸手想要把乐乐的作品撕下来，教师及时制止了她的行为。可是诺诺还是不依不饶，边哭

边喊："他的画难看死了，我不要。"

教师对她进行了教育，诺诺才慢慢地冷静下来。

可是放学时，大家发现了乐乐的作品被撕破了，经过一番调查，原来是诺诺做的。

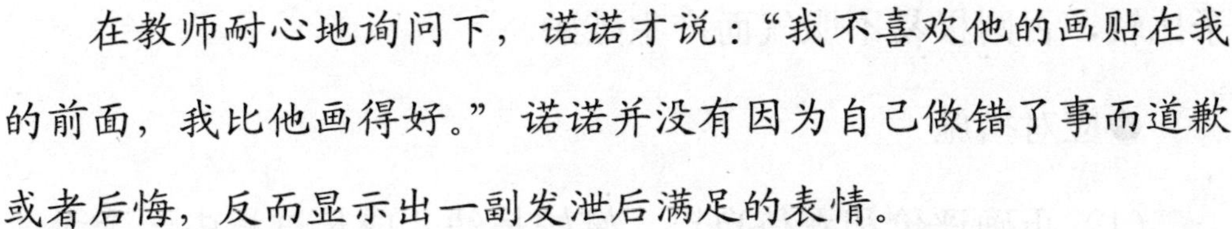

在教师耐心地询问下，诺诺才说："我不喜欢他的画贴在我的前面，我比他画得好。"诺诺并没有因为自己做错了事而道歉或者后悔，反而显示出一副发泄后满足的表情。

●事件分析

（1）在教师粘贴作品时，诺诺非但没有认识到自己的错误，反而撕坏了乐乐的画，采取了攻击性、破坏性的行为，根本不考虑后果。这样的行为体现出诺诺的一种不良心理——嫉妒。当别人的东西比自己的好或者别人表现得比自己强都会激发幼儿的嫉妒心理。嫉妒是一种消极的情感，不能促进人的心理健康发展，所以家长和教师要帮助幼儿加以克服。

（2）每个人都会有嫉妒心理，而诺诺的嫉妒所表现出的行为存在严重过激，她会直接地将自己的不快归咎于自己所嫉妒的人和事，进而对之产生破坏、攻击，以发泄自己的怨气。当诺诺看到乐乐的画贴在自己画的前面，直接做出对抗行为，以发泄心中的不满。

（3）幼儿的评价水平低，不能正确评价自己和别人，当家长当着孩子的面议论别人、贬低别人，则会对孩子的心理产生不良

影响。通过对诺诺家庭情况的了解，发现诺诺的妈妈是一个好强的人，平时喜欢拿诺诺与其他小朋友做比较，对诺诺的优势不加重视，喜欢当面数落她的不足，诺诺渐渐地不允许别人比自己做得好，也不愿听夸奖别人的话，更不喜欢父母把自己与优秀的孩子比较，否则极易不服气而产生嫉妒。

●应对措施

（1）正确评价和看待自己。嫉妒是幼儿成长过程中一个无法回避的话题，关键在于如何引导幼儿战胜它。当幼儿有了嫉妒心理时，父母应当注意教育方式，冷静地帮助幼儿了解自己，正确评价和看待幼儿与他人产生差距，可以有效地使幼儿控制住自己的嫉妒心，其强烈的情绪会渐渐隐退。

（2）引导幼儿树立正确的竞争意识。教师通过各种途径对幼儿进行教育，如：讲故事、做游戏，使幼儿理解人与人之间存在的差异性，每个人都有优点和缺点，不可能各方面都胜过别人，要充分发挥自己的长处去弥补自己的不足。一个孩子如果能正确地与他人进行比较，嫉妒心理就会慢慢弱化、消失，从而学会客观地自我评价，客观地评价别人，最终化解内心的不平衡。

●效果评价

教师与家长须取得共识。教师经常与诺诺的妈妈交换意见，让他们了解诺诺在学校的情况，并请他们积极配合教师。在家里，当诺诺表现出嫉妒的行为时，要及时引导诺诺，让她知道什么事情是对的，什么事情是不对的，什么应该做，什么不应该做，帮助她化解心中的嫉妒情绪。在家园双方的共同努力下，诺诺在幼儿园里发生破坏、攻击，以发泄自己的怨气的行为明显减少，而且知道主动认错，道歉。

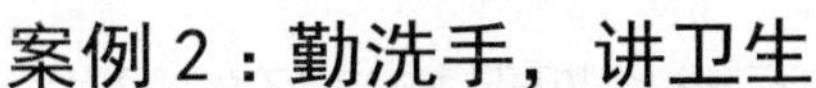

案例 2：勤洗手，讲卫生

●观察背景

随着禽流感、手足口病、水痘等一些流行性传染病的肆虐，培养幼儿养成良好的卫生习惯，讲究个人卫生就显得尤为重要。教师应在平时注意幼儿卫生习惯养成，反复抓，抓反复，同时与家长进行沟通，共同培养幼儿良好的卫生习惯。

●观察对象

浩浩是个非常调皮的男孩，由于从小是爷爷奶奶带大的，所以他身上有许多不讲卫生的坏习惯，比如垃圾到处扔，随地吐痰，饭前便后不洗手等。

●观察地点

本班教室

●观察目的

（1）引导幼儿在日常生活中要预防病从口入，养成勤洗手讲卫生的好习惯。

（2）学会掌握正确洗手方法，并逐步形成习惯。

●行为观察

卫生习惯的好坏不仅影响幼儿的身心健康，而且也是幼儿综合素养的体现。通过平时观察发现幼儿卫生习惯的培养很不乐观，幼儿只是一时兴起，不能长期保持良好的卫生习惯。

●观察记录

午餐前，老师组织小朋友去厕所小便，然后洗手准备吃饭。大家陆续回到教室，等待老师分餐吃饭。

这时琳琳举手告诉老师："老师，浩浩没有洗手，他的手都是颜料！"

教师走过去，看到浩浩的手问道："浩浩，你刚才小便后没有洗手啊？"

浩浩不好意思地摇摇头。

于是，教师告诉浩浩："如果用这样的小脏手吃饭，那么细菌就会吃到嘴里、肚子里，到时候你就会生病，要去医院打针。所以，吃饭前一定要洗手，这样才能把细菌洗掉。"浩浩站起身主动地去洗手了。

午餐后，小朋友有序地漱口，并用毛巾把嘴擦干净后，挂在毛巾架子上。这时，教师看到浩浩用毛巾擦完嘴后，却把毛巾往架子上一扔转身跑了，他没有看到毛巾掉在了地上。

教师及时叫住了浩浩，指着地上的毛巾问："浩浩，这是你的毛巾吗？"

浩浩赶紧捡起来，重新挂在毛巾架子上。

"浩浩，毛巾掉在地上会粘上很多灰尘和细菌的，如果用脏毛巾擦手，擦嘴，那细菌都会跑到手和嘴上。"

最后，教师和浩浩一起将毛巾洗干净再挂好。

●事件分析

（1）处在这个年龄段的幼儿，有的不良卫生习惯是模仿大人形成的，有的是因为大人的纵容形成的，还有的是因为没有及时得到纠正而形成的。家长和孩子饮食起居共同生活，家长是孩子的第一任教师，因此家长应该养成良好的卫生行为习惯，为孩子营造一个良好的氛围，在潜移默化中影响孩子。

（2）不良卫生习惯不是一两天能改掉的，所以需要很长时间的努力，但浩浩已成习惯，要改不太容易。这就需要教师的随时监督，及时指出纠正，帮助他培养良好的卫生习惯。

●应对措施

（1）幼儿卫生习惯的养成不是一朝一夕的，教师要在幼儿一日生活各环节中，用语言或儿歌提示或指导幼儿，使幼儿在实践体验中不断巩固和提高幼儿的健康认知水平，逐步培养幼儿养成良好的卫生习惯。

（2）教师应注重对浩浩卫生坏习惯的纠正，随时指出他的缺点和不足，帮助他及时改正。同时，也要在课堂上夸奖他的良好卫生习惯，注重对他的鼓励，使他在赞扬声中树立起做讲卫生的好孩子的愿望。

（3）及时与浩浩家长进行沟通，让他们了解孩子身上存在的一些不良卫生习惯，并与家长共同配合，让家长在平时生活中注意自己的卫生习惯，给幼儿做榜样，要求幼儿做到的家长一定要做到，以良好的生活习惯影响幼儿，避免浩浩继续模仿不良的卫生行为习惯。

●效果评价

对幼儿进行良好卫生习惯的教育并不是难事，但是需要教师与家长达成家园一致，陈鹤琴老先生就指出："幼稚教育是一种很复杂的事情，不是家庭一方面可以单独胜任的，也不是幼稚园一方面能单独胜任的，必须要两方面共同合作方能得到充分的功效。"经过几个月的努力，在浩浩身上看到了很多明显的改变，能够随手将垃圾废纸扔到垃圾桶里，进餐后地上没有掉饭菜，饭前便后记得洗手等。培养幼儿养成良好的生活习惯重在坚持，更需要在各方面不断重复和练习，这样才能在幼儿时期养成良好的生活卫生习惯。

案例3：咬手指的现象

●观察背景

1～2岁的幼儿咬手指头是一种正常的行为，2～3岁这种现象将逐渐消失。如果这个习惯动作持续到3岁以后，就成为不良习惯。咬手指不但是一种不良的口腔习惯，会影响牙齿的发育，而且会感染细菌，引发各种疾病。

●观察对象

小班幼儿

●观察地点

小班教室

●观察目的

（1）帮助个别幼儿改掉咬手指的不好的习惯。

（2）引导幼儿了解咬手指的坏处。

●行为观察

通过对小班幼儿的观察发现，个别幼儿存在咬手指的现象，需要教师及时加以引导和纠正。

●观察记录

老师在平时生活中发现3岁半的朵朵特别喜欢吮吸手指头，经常一个人偷偷地将手指头放在嘴里津津有味地吸，吸得手指头都蜕皮了，但她还是无意识地去吸手指。有一次在吃饭的时候，朵朵吃着吃着就开始吸手指了，老师发现后，走过去告诉她："要用勺子吃饭，不能吃手指，这样很不卫生，手指上的细菌吸到肚子里会生病的。"朵朵点点头说："知道。"她听话地拿出了手指，可是当老师转个身离开了，她故技重施，手指不由自主地又伸到嘴里去了。

●事件分析

（1）经过一些了解，在朵朵2岁时就已形成这个坏习惯。由于朵朵从小是由奶奶一手带大的，奶奶对她也是百依百顺很娇惯她，所以当奶奶发现朵朵咬手指后，并没有太在意。而她的父母也曾反复纠正她这个坏习惯，但是一直没有效果。

（2）孩子在婴儿期吃奶养成吮吸的习惯是一种本能行为转移，而幼儿除了一些身体状况，比如缺乏微量元素锌，一般在2-3岁这种现象将逐渐消失。案例中的朵朵显然已经养成了吮吸手指的不良习惯。因此，教师应该对朵朵咬手指的不良行为加以及时纠正。

●应对措施

（1）教师和家长不要给孩子过多的压力，要寻找引起孩子咬手指坏习惯的原因，这是帮助孩子纠正咬手指坏习惯的关键一步。

（2）教师要通过电话、面谈等形式与家长共同商讨教育对策，通过交流，达成共识，采取循序渐进的干预策略，帮助幼儿意识到咬指甲有一定的危害性，但只要自己能正确对待，是完全可以纠正的。

（3）教师可以通过故事、图片等形式告诉幼儿咬手指是很不卫生的，让幼儿懂得应该纠正坏习惯的道理。当幼儿稍有进步时，父母和老师要及时肯定她、鼓励她，以增强她的自信心和自制力。

●效果评价

老师和父母积极的干预手段对朵朵产生了良好的效果，尤其当她看到小手指贴了创可贴后，知道了小手指受伤了需要她帮助治病，所以不能再咬它，再吮吸它了。在这个过程中，教师和父母始终鼓励她要保护好小手指。最后朵朵不但接受了老师和父母的干预手段，直至她的小手指伤口恢复了，她的吮吸习惯自然而然就纠正过来了。

☆三、幼儿健康教育活动的观察与评价☆

幼儿园教育内容中的五大领域：健康、语言、社会、科学、艺术，

健康排在最前，体现出了幼儿健康教育在幼儿教育、幼儿发展中的重要性。通过健康领域的学习，能使幼儿获得与自身、他人和社会健康有关的知识和态度，形成良好的行为和习惯。

教师在实施健康教育活动中，针对观察对象取得的健康教育效果和健康教育目标的完成状况进行的判定，通过组织准备工作、评价方案设计、评价资料收集、评价信息处理、撰写评价报告和评价结果处理等方面进行健康教育活动的评价，目的在于肯定成绩，指出问题，明确方向和提高教育质量。

实验研究证明：通过对幼儿进行定期的健康教育，可以促进幼儿健康知识的增长，并有助于改善其行为习惯。因此，能否对他们施行保育和教育，不仅关系到他们现时的健康成长，而且会对他们一生的身心健康产生持久的影响。

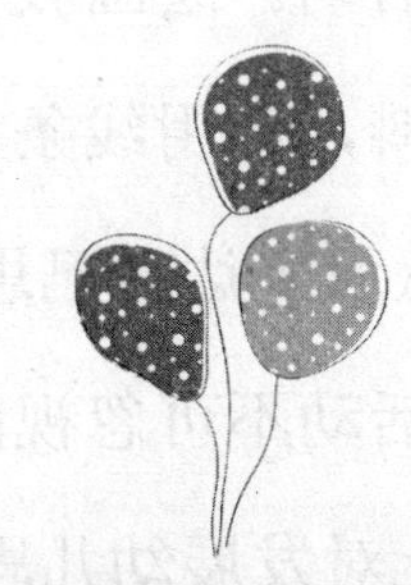

第四节 在幼儿美术教育活动中的运用

☆一、幼儿美术教育活动的概述☆

幼儿美术教育是幼儿园素质教育的重要组成部分，是教师引导幼儿感受美、表现美、发现美和创造美的特殊艺术活动。在《幼儿园教育指导纲要（试行）》中指出，幼儿美术教育是幼儿的一种体验表达活动，提出“用自己喜欢的方式自然、真切地表现内心的感受和体验”。因此，教师应在美术教育活动中充分发挥幼儿园的美术活动特点，促进幼儿想象力和创造力的发展，提高幼

儿的美术素养。

幼儿园的美术教育活动是以培养幼儿美感为目标，以幼儿绘画、手工和美术欣赏为主的活动。绘画教育活动是教师引导幼儿使用各种笔、纸等工具和材料，运用线条、造型、色彩、构图等艺术语言创造出视觉形象，从而表达自己思想和情感的一种活动。手工活动是幼儿园美术教育活动不可忽视的一部分。幼儿在动手的过程中，通过“手脑并用”，对发展幼儿思维有积极的促进作用。美术欣赏教学是一种培养幼儿欣赏能力的教育活动，是教师引导幼儿欣赏和感受美术作品，从而丰富他们的美感经验，培养其审美情感和评价能力的教育活动。

每个幼儿生来都具有巨大的创新潜质，在美术教育活动中，教师应鼓励幼儿乐于表现自己独特的见解和感受，幼儿的想象力和创造力不仅可以通过美术活动表现出来，而且还可以在美术活动中得到发展。

☆二、对幼儿美术教育活动的观察要点☆

1. 参与美术活动的兴趣。

2. 美术表现与创造的意愿和能力。

案例1：彩泥制作

●观察背景

幼儿园美术教学中的手工活动是教师依据幼儿园手工教育目标，引导幼儿发挥想象力和创造力，用手对材料进行造型操作，生产出富有美感、表现手艺的作品的教育活动过程。而彩泥制作是典型的训练手脑并用，手眼协调的活动。幼儿在彩泥制作中不仅能获得成功和满足，而且能促进观察力、想象力、创造力和自我学习能力的发展。

●观察对象

中班全体幼儿

●观察地点

手工区

●观察目的

（1）培养幼儿对彩泥制作活动的兴趣。

（2）观察幼儿掌握彩泥制作的基本技巧情况。

●行为观察

在彩泥制作过程，教师发现个别幼儿很容易受到外界因素的干扰，耐性又较差，并具有一定的依赖性，因此，需要教师引导幼儿消除他们的依赖心理，帮助他们形成独立、自主的个性，从而提高他们自主操作的信心。

●观察记录

区域活动开始了，教师带领小朋友来到手工区。当大家准备好后，教师给每个幼儿发放了不同颜色的彩泥，鼓励幼儿自由组合，自由创造。

活动一开始，教师观察到大家各玩各的。不一会儿，几个幼儿凑到一起高兴地玩彩泥。这时，欣欣把自己的小椅子搬到了佳佳旁边，指着手工区墙上的“制作花的步骤图”对她说：

“这些花做得真好看，我们一起去做花吧！”

于是，她俩一起边看步骤图一边动手捏。没过多久，欣欣表现得有点不耐烦，便起身嘟着嘴说：“太难了，我不会做。”她一边嚷，一边把手里的彩泥往桌上一扔。

教师走过去对她说：“是不是哪儿做错了呢，你再仔细看看步骤图，是先做什么呢？”

欣欣看完步骤图回到座位上，又开始再次尝试，一旁的佳佳完成后也过来帮助她。终于，欣欣很快就做好了一朵花。

教师在巡回观察中发现，有的幼儿捏的是各种食物和小动物，还有的捏的是各种小人。活动结束后，教师组织大家展示自己的作品。

涛涛将捏好的小鸭放在手里，向大家展示说：“你们看，像不像小鸭？”

“很像很像。”佳佳说。

欣欣看到涛涛捏的小鸭很有趣，也有捏小动物的想法了。

于是，欣欣很快捏了一只小兔子。接着，其他孩子也捏起了小动物。不一会儿，桌子上的彩泥小动物又多了几只。当所有的小动物放在一起展示后，大家发现只有涛涛的小鸭是站着的，其他的小动物不是趴着的，就是平面的。

欣欣一脸困惑地问：“老师，我的小兔站不起来？”

佳佳也说：“对呀，为什么只有涛涛的小鸭是站着的，我们的小动物都站不起来呢？”

教师启发道：“那你们想一想为什么呢？小动物的四肢得和身体成比例才可以站起来啊！”在教师的提示下，大家开始动手调整，最后所有的小动物都站起来了。

●事件分析

（1）中班幼儿容易受同伴的影响，大多数都具有“从众心理”，喜欢追随同伴或教师，缺乏自己的主见，所以，一旦有了外界因素的干扰，就很容易改变自己的想法，受他人行为的影响。比如案例中的欣欣和很多幼儿看到涛涛捏的小鸭后，也加入了捏小动

物的行列。

（2）在彩泥制作中，欣欣表现出烦躁不安，甚至于发起了脾气，想放弃活动，可以看出她缺乏一定的自信心，总认为自己不能独自完成任务，有很强的依赖心理，需要教师在一旁不断地给予肯定或鼓励，才能完成操作内容。

（3）在展示作品中，教师发现很多小动物不是趴着的，就是平面的，说明大多数幼儿在平时的活动中小动物的具体形象思维掌控得不好。但是通过教师的提示，幼儿能够积极主动思考，并想办法解决问题。

●应对措施

（1）了解需要，进行帮扶。教师应根据幼儿的具体情况，及时地了解其真正需要，帮助幼儿了解自己的需要，比如在案例中，教师可以提问：你想捏什么呢？你最喜欢什么呢？也可以直接建议：你不一定非要和别人捏一样的东西，你想捏什么就捏什么，鼓励幼儿大胆地进行创作。

（2）及时鼓励，完成操作。在观察过程中发现个别幼儿不能独自完成作品时，要及时地给予肯定或鼓励，消除他们的依赖心理，从而提高他们自主操作的信心。教师的鼓励和表扬有时候是幼儿进行自主学习的最大动力。

（3）排除干扰，体验成功。帮助幼儿排除外界因素的干扰，让幼儿根据自己的喜好自主地选择自己所喜爱，感兴趣的制作内

容，帮助幼儿形成独立、自主的个性。

●效果评价

在这个案例里，教师的角色是一个支持者、观察者、合作者，同时也是孩子们成功后的经验分享者和支持者。案例中的欣欣在教师的鼓励下没有轻言放弃，不断地探索，最终独立完成了作品，体验到了成功的喜悦。而当幼儿发现除了小鸭，其他小动物都站不起来的问题时，教师及时地给予提示，引导孩子去独立思考，并且创造机会引导幼儿和同伴进行讨论或在争论中独立地去寻求问题的解决方法。

在这些过程中，幼儿改进方法，获得最后的成功，这些都是幼儿通过自身的努力和探索才能够获得的，远远比教师直接给予的经验更加深刻，也更加具有价值。

案例2：绘画活动

●观察背景

爱涂爱画是幼儿的天性，绘画不仅可以锻炼幼儿的想象力、创造力、表现力，促进手眼协调能力，还可以提高幼儿的欣赏能力和感受能力。因此在教学过程中，教师应激发幼儿绘画的兴趣，引导幼儿从中得到满足和乐趣。

●观察对象

小班幼儿

●观察地点

美工区

●观察目的

（1）引导幼儿利用简单的点、线和简单形状来表现事物。

（2）鼓励幼儿大胆联想，激发他们的绘画兴趣。

●行为观察

小班幼儿刚刚开始接触绘画，没有绘画技能。在绘画时，个

别幼儿无从下手，四处观望，不知道自己画什么。

●观察记录

在美术活动“我和我的好朋友”中，教师首先引导幼儿照镜子观察自己的眼睛、嘴巴、眉毛、鼻子和耳朵，然后再观察身边小朋友的五官。

教师提问：“你们找到自己的眼睛、嘴巴、眉毛、鼻子和耳朵了吗？它们都在哪里呢？”

幼儿纷纷举手回答。

大多数幼儿还能说出单眼皮、双眼皮，粗眉毛、细眉毛等更为细微的特征。

于是，教师给每个幼儿发放了一张头像的轮廓，请幼儿画出五官。接着，教师鼓励幼儿自由表现，自由联想，想象人的不同表情，大胆发挥。

教师在观察中发现大多数幼儿能够利用简单的点、线和简单的形状来表现事物，

比如用短线来画眉毛，用长长的、有弧形的线条画嘴巴，用半圆画耳朵，用圆画眼睛。

而个别幼儿拿着笔好像无从下手，有的干脆四处观望或者模仿身边的伙伴。

教师走到正在发愣的康康身边问道：“康康，你怎么了？”

“我不会画，老师帮我画。”

“来，老师陪你画。好吗？”

“好！”

“那我们一起来找找自己的眼睛在哪里呢？”

“自己的鼻子在哪里？”

“看看镜子，它们长得什么样子呢？”

“你是怎么想的就可以怎么画！”

“试着画画看，画错了也没关系！”

于是，教师一边握住他拿笔的手，一边则用语言鼓励他，不一会儿，康康就高兴地画好了眼睛、嘴巴、眉毛、鼻子和耳朵。

在幼儿作品展示中，每个头像的五官长得都不一样，而且表情也各不相同，有喜、怒、哀、乐的不同表情。这种特别的“留白”范画，可以给幼儿提供更多想象的空间，创造出与众不同、无法估量的效果。

●事件分析

（1）圆是幼儿绘画中最早接触和熟悉的图形，但是幼儿画圆圈时，往往会画出开口的圆，没有将起点和终点合拢，看似简单对幼儿来说却不容易。所以，教师应该引导幼儿掌握简单的作画技巧，以此增强和巩固幼儿对“点”“线”“圆”的兴趣和表现方法。

（2）小班幼儿刚从家庭走向幼儿园，由于年龄小，手部小肌肉动作不灵活，加上幼儿对绘画没有明确的目的，不知道怎样画，比如案例中的康康拿着笔无从下手，不知道如何动笔等情况，这时需要教师给予帮助和引导，提高他们的绘画兴趣。

（3）在绘画过程中，因为教师给幼儿提供更多想象的空间，所以幼儿根据自己的观察方式和思维逻辑表现出“自己眼睛里的世界”，比如有的幼儿画成尖耳朵，有的画成圆嘴巴，甚至有的画成“对眼”等。

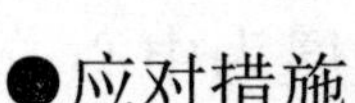

●应对措施

（1）在幼儿绘画过程中，理解和支持幼儿去大胆地尝试和探索，耐心倾听幼儿对作品的想法，鼓励幼儿在绘画中体会成功的快乐。

（2）在引导幼儿运用素材进行绘画时，教师要注意小班幼儿的语言特点——重叠词，增强幼儿对物体特征的把握。

（3）在选材时，教师要注意结合日常生活中的事物，选择幼儿喜欢的、熟悉的物体为内容，引导幼儿观察这些事物，然后在利用简单的点和线来表现事物。

（4）依据小班幼儿的年龄特点，他们在绘画中表现的动机和信心都十分脆弱，也容易发生动摇，因此教师要及时给予指导和鼓励支持，增加他们的自信心。

●效果评价

在这个案例里面，教师对个别幼儿的表现方式和技能技巧给予适宜的指导，没有用随意的态度来对待，为幼儿提供宽松自由的环境和心理氛围，积极地鼓励他们根据相关经验独立去完成绘

画，并关注他们顺利完成绘画任务。如今康康对绘画已有了较浓的兴趣，不再要求教师帮他绘画了，并能像其他小朋友一样充满自信地画画了。

☆三、幼儿美术教育活动的观察与评价☆

幼儿美术教育活动的观察与评价要以幼儿发展为中心，以促进幼儿发展为根本目的，在整个美术教育活动中，教师应注重激发幼儿绘画的兴趣和积极性，使幼儿感受到自己的进步，发现自己的能力，让幼儿体验到成功的快乐，从而促进幼儿的发展。

在进行幼儿美术活动评价时，教师要发现幼儿的不同特点，用肯定的方式评价幼儿的美术活动，多鼓励，多表扬，以激励性的评价，充分挖掘幼儿的潜力，而不能否定和批评。幼儿美术教育活动的评价是幼儿园美术教育活动的最后一个环节，与幼儿园其他任何一种教育教学活动相比较，其应用的程度最高，受到的重视程度应该更高，因此，教师要给予充分的重视。

第五节 在幼儿社会教育活动中的运用

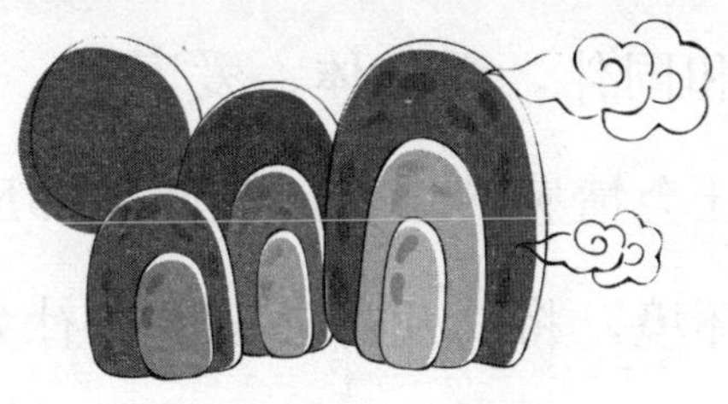

☆一、幼儿社会教育活动的概述☆

幼儿社会教育是指以幼儿的社会生活以及相关人文社会知识为基本内容，以社会及人类文明的积极价值为引导，在尊重幼儿生活，遵循幼儿社会性与品格发展规律特点的基础上，由教师、家长及教育人员通过创设教育环境和活动，培养幼儿初步社会生活能力与良好品格、习惯，促进幼儿健康发展的教育。

幼儿社会教育活动是在一定教育目标指引下，运用一定的方法，采取一定的手段，选择一定的形式作用于幼儿，使幼儿在情感—社会性方面获得发展的过程，即达成幼儿社会教育的目标的过程。

幼儿社会教育活动与幼儿园生活教育密切相关的活动，《幼儿园教育指导纲要（试行）》中，就社会教育领域提出的总目标是："能主动地参与各项活动，有自信心；乐意与人交往，学习互助、合作和分享，有同情心；理解并遵守日常生活中基本的社会行为规则；能努力做好力所能及的事，不怕困难，有初步的责任感；爱父母长辈、老师和同伴，爱集体、爱家乡、爱祖国。"特别强调幼儿社会态度和社会情感的培养，为此教师应为幼儿创设良好的物质环境和精神环境，将幼儿社会态度和社会情感的培养渗透在多种活动和一日生活的各个环节之中，帮助幼儿逐渐形成符合社会要求的认识、情感态度和行为习惯。

幼儿阶段是社会性发展的关键时期，良好的人际关系和社会适应能力对幼儿身心健康发展及其知识、能力和智慧的发挥具有重要的影响，因此幼儿社会教育活动的内容要充分尊重幼儿发展的个性差异，遵循幼儿每个时期的社会性和品德发展的共性和规律；幼儿社会教育活动是起点，具有对幼儿的启蒙作用，所以也必须要考虑到社会的需要；社会教育领域注重的是幼儿情感态度的熏陶和培养。

☆二、对幼儿社会活动的观察要点☆

1. 幼儿人际交往的观察要点：与人交往的意愿、与人交往的能力、自尊自信自主的表现、关心尊重他人。

2. 幼儿社会适应的观察要点：喜欢并适应群体生活、遵守基本的行为规范。

案例 1：角色游戏活动

●观察背景

家长希望孩子能与他人交往，并希望孩子有较强的交往能力，不愿意看到孩子没有玩伴，也不愿意孩子孤独。然而，如今的孩子大多数是独生子女，在家里与伙伴相处的机会少，独自玩耍，分享、合作、关心他人的意识薄弱。随着幼儿社会交往范围的扩大，由于幼儿缺少交往经验与能力，在活动中经常出现与同伴为丁点小事的争吵、为玩玩具而争抢甚至相互间的打斗现象。

●观察对象

中班幼儿静静是一个性格内向、不爱说话、个子矮小的女孩。

●观察地点

本班教室

●观察目的

（1）引导幼儿与同伴交往要学会关心友爱，互相帮助，团结合作。

（2）培养良好的同伴交往能力。

●行为观察

中班是幼儿交往能力迅速发展的关键时期，通过对本班幼儿进行观察发现，个别幼儿或多或少都有些同伴交往问题，同伴交往能力过低现象尤为突出。

●观察记录

在角色游戏中，老师鼓励幼儿自由选择自己最喜欢的角色进行扮演。一些能力较强的幼儿能够马上投入角色中，并按角色要求开始扮演起来。老师发现，娃娃家仍然是大多数幼儿最受欢迎的，大家都喜欢到娃娃家里去玩。而静静最喜欢玩理发店的游戏，所以她选择的角色还是理发师。过了很久，没有一个人来光顾静静的理发店。这时，老师走过去提醒静静，在没有人光顾时她可以到门口打广告或者对其他幼儿进行宣传。

静静只是站在店门口叫唤：“快来理发呀！”而不会跑到其他地方叫别的幼儿到理发店里玩。当她看到扮演饭店老板的幼儿跑到娃娃家拉拢客人后，也走出理发店，但是并没有离开太远。即便是其他幼儿路过理发店门口，她也不会主动上前拉客。

●事件分析

（1）案例中的静静比较胆小内向，不主动参与游戏，在社会交往能力上发展得比较缓慢，需要老师在游戏中不断地指导和帮

助。比如在整个角色游戏活动中，静静和其他幼儿的交往活动比较少，都是在一边观看其他小朋友游戏。从中可以看出静静的交往能力有限，不会利用多种技巧与同伴相处，从而与同伴交往交流很少。

（2）每个幼儿都需要好朋友，也具有和其他幼儿交往的欲望，案例中的静静也是一样，她很希望邀请到同伴来理发店玩，希望引起其他小朋友的注意。由于她平时与同伴交流很少，其他幼儿也不会主动与静静攀谈，所以她身边的好朋友很少。

（3）良好的家庭人际环境有利于幼儿与同伴交往，而缺乏交往的家庭环境则会影响幼儿的同伴交往。通过了解，静静生活在单亲家庭中，从小和奶奶生活，不善于与他人进行交往，平时也不喜欢说话，因此可以看出不完整的家庭对她的影响很大。

●应对措施

（1）对于胆小的幼儿来说，集体活动是幼儿获得交往技能的最直接最主要的途径。教师可以组织一些需要幼儿互相帮忙才能完成的任务，鼓励静静与其他幼儿之间互相帮助，团结合作。

（2）针对静静的情况，教师可以帮助其掌握一些基本的交往技能，比如当她遇到什么问题时，鼓励她向其他幼儿请教，或者寻求帮助，创造机会让她与其他幼儿交往和交流。

（3）教师经常与静静的父母联系，建议他们多关心静静，多与她交流。

●效果评价

经过一段时间的培养，每天放学后，静静都会让奶奶陪她在幼儿园附近和其他幼儿一起玩一会儿再回家，在家里静静也开始经常和大人说说话。在幼儿园里，当教师在散步或自由活动的时间提出静静比较喜欢的话题，或者与她谈谈心里话时，静静明显比以前爱说话了。

案例2："大带小"活动

●观察背景

现在的幼儿大多数都是独生子女，缺少来自兄弟姊妹的关爱，习惯以自我为中心，不懂得关心他人，不会照顾比自己年龄小的弟弟妹妹。为此教师组织了一次混龄教育活动，将不同年龄段的幼儿混合在一个班进行活动。通过"大带小"的交往使幼儿摆脱"自

我中心”，体会到兄弟姐妹之情，促进幼儿社会行为的发展。

●观察对象

小班幼儿和大班幼儿

●观察地点

小班教室

●观察目的

（1）增强大班幼儿的社会责任感。

（2）培养小班幼儿更好地融入新环境生活。

●行为观察

因为大班幼儿已有新入园的经历，也对幼儿园生活有了经验和了解，作为“过来人”，通过给小班的弟弟妹妹喂饭，担负起帮助弟弟妹妹的责任，更一步增强了大班幼儿的责任感，体现出榜样、关爱与帮助、指挥领导和协同。而小班幼儿的行为则更多的体现出一种服从、模仿和得到关爱。

●观察记录

晨间活动时，在大班老师的带领下，大班幼儿来到小班，每人找一名小班幼儿，介绍自己的名字，同时拉着所找小班幼儿的手请其说出自己的名字。在互相认识后，大班幼儿每人认领一名小班幼儿作为自己的弟弟或妹妹。

午餐时，大班老师带着大班幼儿来到小班，鼓励大班幼儿帮

老师照顾小班的弟弟妹妹吃饭。

不一会儿，有的大班幼儿边喂边说："如果你好好吃饭，吃完饭后姐姐跟你玩你喜欢的'猫捉老鼠'的游戏。"

有的说："吃了这些饭菜，你就能拥有奥特曼的神力了，哥哥带你去打怪兽。"

……

在大班哥哥姐姐的"引诱"下，小班幼儿往往会乖乖地听话，主动吃饭。

午餐后，为了帮助小班幼儿更好地适应幼儿园生活，老师组织大班幼儿带领小班幼儿进一步熟悉幼儿园的主要场所，使小班幼儿感受到幼儿园是个好玩的地方，在幼儿园里生活很愉快。

当下楼时，出现了排队拥挤的现象，许多大班幼儿着急地喊："哎呀，真慢，能不能快点呀！"

这时，老师站在一旁对他们说："前面的弟弟妹妹们走得慢，大哥哥大姐姐别着急，稍微等等他们。"

当全体幼儿来到户外操场时，小班幼儿跟着哥哥姐姐的节奏，慢慢地加快了速度。突然小班的小雪不小心跌倒在地上，放声大哭起来，这时大班的芊芊马上跑过去，蹲在地上抱着她，安慰小雪说："小雪，不哭了，我给你揉揉。"说完，便伸手抚摸小雪的膝盖。小雪慢慢地不哭了，和芊芊一起回到了队伍中。

●事件分析

（1）小班幼儿学习能力非常强，学习新本领、接受新事物的能力也非常快。大班老师鼓励大班幼儿尝试给小班幼儿喂饭，一方面创造了大班幼儿学做哥哥姐姐的机会，锻炼了他们的交往能力，一方面培养了小班幼儿提高生活自理能力，帮助小班幼儿尽快适应幼儿园的集体生活。

（2）在案例中，大班幼儿表现出能够照顾关爱比自己年幼的小朋友，尤其当看到小班的小雪跌倒后，能够积极主动地帮助她，安慰她，体现出他们的责任心和关心、照顾他人的意识。

（3）在大班幼儿带领小班幼儿熟悉幼儿园的主要场所过程中，小班幼儿看着大班的哥哥姐姐们能够安静地有秩序地跟着老师进行活动，出于对年长孩子的崇拜和喜爱，他们也会无意识地模仿哥哥姐姐的言行，自觉地控制自己想说话、想跑跳的冲动。

（4）社会学理论认为，幼儿是通过观察和模仿来学习的。小班幼儿学习和模仿的可以是故事，也可以是现实生活中的人，因此在“大带小”混龄活动中，小班幼儿可以通过观察，从大班哥哥姐姐身上模仿良好的行为习惯，融入幼儿园新生活中，这也是他们的自我控制和自我调节能力逐渐增强的过程。

（5）幼儿在外界压迫下表现出的顺从行为与自我控制能力没有很大的关系，幼儿的自我控制能力要在自觉的行为调节过程中才能得到发展。

●应对措施

（1）活动前，老师可以向大班幼儿传达“大带小”的目的和要求，帮助大班幼儿积累“大带小”的经验，学习安抚小班幼儿的基本技能。

（2）老师向大班幼儿布置“大带小”任务，做好充分的准备工作，比如想一想自己可以为弟弟或妹妹做些什么？如何给弟弟或妹妹喂饭，洗手，倒水？引导幼儿做好心理上和物质上的准备工作。

（3）通过游戏方式，消除大班幼儿和小班幼儿之间的陌生感。引导小班幼儿尽快熟悉哥哥或姐姐，缓解对陌生人的恐惧感。

●效果评价

年龄较小的小班幼儿因为缺乏交往技能，不懂得一些交往技巧，所以小班幼儿还是会有一些攻击性行为，但是大部分行为刚刚萌芽，就会被大班的哥哥姐姐们“警告”了。在这个年龄不一样的大家庭里，幼儿之间的冲突是比较少的，这便能从根源上减少了幼儿的攻击性行为。

案例 3：说谎行为

●观察背景

小班的幼儿还处在幼儿期，心理发育不健全，常常为了满足自己的虚荣心，自我保护，逃避责任，害怕被惩罚，从而撒谎。有的家长会正面教育，有的则会以打骂的方式教育。孩子的撒谎并不可怕，可怕的是家长没有用正确的方法进行引导和教育。所以家长在对幼儿的撒谎行为进行矫正时，应走进幼儿的心理世界，耐心地和幼儿讲道理，不要伤害幼儿的自尊心。

●观察对象

小班的幼儿优优，年龄 3 岁，性格外向，喜爱与小朋友交往，是一个活泼可爱的小女孩。同时，优优又具有嫉妒、虚荣、爱面子、个性好强的性格。

●观察地点

午睡室

●观察目的

（1）对幼儿说谎的行为给予及时的正确引导。

（2）对幼儿进行思想道德品质教育。

（3）保持正确的态度对待幼儿的说谎行为。

●行为观察

在幼儿园一日生活中，老师会经常面对幼儿各种不合规范的错误行为，有的幼儿会主动承认错误，而有的会故意隐瞒，甚至说谎。其实幼儿的撒谎行为是一个复杂的现象，老师不能一概而论，都认为是幼儿品行不良，而应该多倾听幼儿的想法，正面引导鼓励幼儿讲真话，不撒谎。

●观察记录

午睡后，小班幼儿开始陆续起床穿衣服，老师在整理床铺的时候发现优优尿床了。老师假装不知道谁尿床了，当时没有直接询问优优。回到班级后，老师为了让优优以后不尿床或者在尿床之后能够及时告诉老师，便问大家："今天午睡有没有尿床的呀？"大家齐声回答："没有。"老师为了顾及优优的自尊心，没有当众点名。过后，老师把优优单独叫出来，问道："优优，今天你尿床了吗？""老师，我今天没有尿床。那是乐乐尿的。"老师没有想到优优非但没有主动承认，反而会说谎诬陷其他小朋友。老师把优优带到自己的床铺跟前，又问道："老师喜欢主动承认错误的小朋友，可不喜欢说谎的小朋友。"优优最后才承认自己的确

尿床了。

●事件分析

（1）通过多方了解，老师得知优优的家庭状况是她的父母都是教师，家庭文化水平较高。她的妈妈在家中比较强势，同时她妈妈对她十分疼爱，所以对她的影响最大，使优优产生了嫉妒、虚荣、爱面子和极度好强的性格。从案例中我们不难发现，优优在尿床这件事上不光对老师故意说谎，而且在老师的询问下还诬陷其他小朋友。正因为优优虚荣、爱面子的性格对其说谎行为产生了重要影响。

（2）当老师与优优妈妈反映优优在幼儿园出现说谎的行为时，优优妈妈极力维护优优，并且不相信优优会说谎。但是当老师向她反映了几件事情后，优优妈妈才不得不认识到自己过分溺爱和袒护，对优优说谎行为产生了重要影响。

（3）优优具有好强的性格，不管什么事情都想争第一，都想受到老师的表扬，而不愿意在小朋友面前丢脸，甚至受到老师批评，这也是她为了隐瞒错误而说谎的主要原因之一。作为老师对优优这样情况，应当及时地对优优在心理方面进行正确的引导。

（4）优优因为惧怕犯错之后会被老师批评而说谎也属于正常心理现象，毕竟优优年龄偏小，争强好胜、虚荣心强、逃避惩罚，分不清是非，作为教师应保持正确的态度，进行教育引导，防止幼儿形成习惯性的说谎行为。

●应对措施

（1）当老师面对幼儿说谎的时候，应该保持正确的态度，采取科学有效的方法进行引导和教育，特别在了解幼儿说谎行为出现的情景与原因之后，应决定是进行个别引导还是集体教育。如果问题涉及一两个儿童的行为，适合采用个别引导的方法，尽可能私下里进行，以避免当众让幼儿出丑。在集体教育中，教师应尽量避免点名批评个别幼儿，可以通过表扬个别幼儿而使有错误行为的幼儿改正过来。

（2）老师应与家长积极沟通，并建议家长关注对幼儿过分溺爱而产生的后果，共同帮助幼儿改掉说谎行为。同时，家长也要注意自己的言行，出现错误要大胆承认，认真改正，为幼儿树立诚实的好榜样。

（3）老师应重视对幼儿在心理方面进行正确的引导，保护幼儿的积极性，让幼儿明白说谎的结果一定会被揭穿的，杜绝幼儿因为害怕、恐惧而说谎的现象。

（4）幼儿年龄小，思想单纯，可塑性很强，教师和父母应保持关爱的心态，正确看待幼儿说谎，保护幼儿的自尊心不受伤害，培养幼儿主动承认错误的勇气，坦然承认错误，并减少说谎的机会。

●效果评价

老师和家长经过一段时间的引导，优优逐步形成了良好的思想品质，不但认识到说谎行为是不正确的，而且能够积极主动地

进行行为控制。尤其当其他小朋友犯错误说谎时，她能够分清是非，懂得要做一个诚实的好孩子。

☆三、幼儿社会教育活动的观察与评价☆

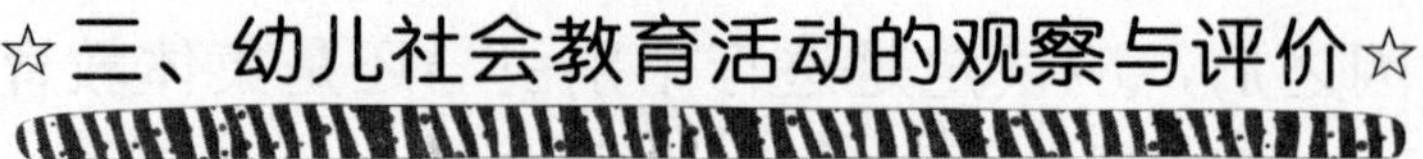

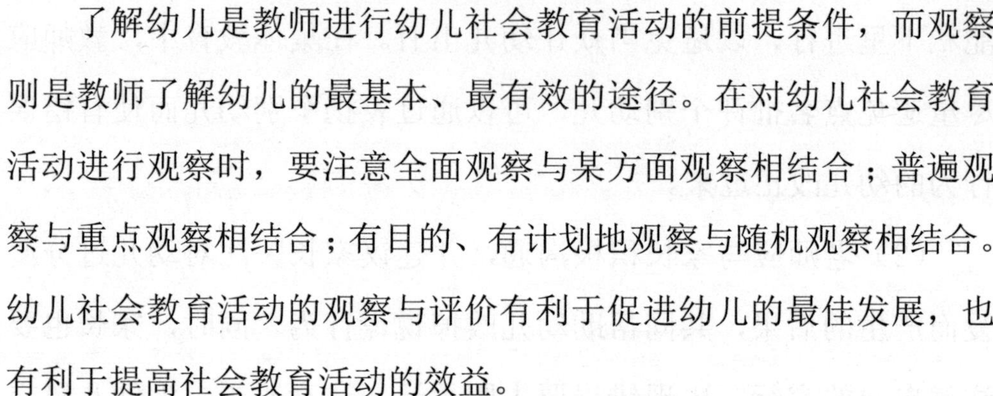

了解幼儿是教师进行幼儿社会教育活动的前提条件，而观察则是教师了解幼儿的最基本、最有效的途径。在对幼儿社会教育活动进行观察时，要注意全面观察与某方面观察相结合；普遍观察与重点观察相结合；有目的、有计划地观察与随机观察相结合。幼儿社会教育活动的观察与评价有利于促进幼儿的最佳发展，也有利于提高社会教育活动的效益。

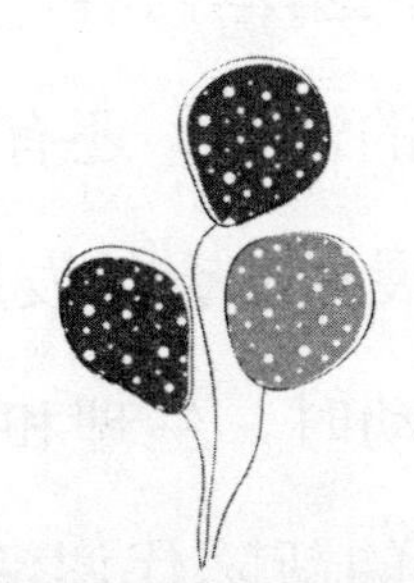

第六节 在幼儿体育活动中的运用

☆一、幼儿体育活动的概述☆

幼儿时期是个体身心发展最为迅速的时期之一，不仅是智力开发的最佳时期，还是身体动作、运动能力发展的关键时期。

幼儿园体育活动应以发挥幼儿主体性、培养幼儿探究性思维，开发幼儿运动潜能，培养幼儿坚强、勇敢、不怕困难的意志品质和主动、乐观、合作的态度，促进幼儿身体正常发育，增强其体质为主要目标。通过教师的引导、启发和鼓励，让幼儿去尝试、探索和发现事物的变化和内在联系，亲身体验在体育活动过程中的失败和成功，最终获得知识，掌握技能，提高对环境的适应能力。

体育活动是幼儿园活动的基本内容，积极地开展户外体育活动，不仅能给幼儿带来欢乐的情绪，还有助于促进幼儿身体的发展，智力的发展，情感的发展和社会性发展。

由于幼儿在参加体育活动时，生理和心理两方面都接受一定的运动刺激，调节整个身体的新陈代谢活动以适应运动的需要，进而有效地促进幼儿正常的生长发育，增强幼儿体质，提高运动技能及身体机能。对幼儿来说，身体运动是生活的需要，更是快乐的源泉。在学习每项体育活动中，需要幼儿进行观察、模仿、思维和记忆，使幼儿的知识、技能、各方面的能力都得到了相应的发展。现代家庭以独生子女为主，过度的关注和保护使幼儿失去了自主接触外界的机会，而当幼儿参加体育活动时，可以表达自己的情感，充分体验到游戏带来的快乐。尤其在与同伴共同玩耍时，通过与他人的交流、合作，慢慢地在人际交往中学会互惠合作、为他人着想和各种情感的合理表达，从而促进人际关系的健康良好发展。

☆二、对幼儿体育活动的观察要点☆

幼儿体育活动中的观察要点：参与体育活动的意愿、基本动

作的发展水平，综合运动能力的发展水平，避免运动伤害，学会自我保护的能力。

案例 1：晨间体育活动

●观察背景

幼儿园每天进行的晨间体育活动是幼儿体育教育的重要组成部分，晨间活动质量的高低，直接影响幼儿身心的发展。而通过对当前很多幼儿园班级晨间活动的观察，发现存在一些需要改进的地方。为此，幼儿教师应充分加以利用和重视晨间体育活动，以促进幼儿体能、动作发展。

●观察对象

大班幼儿

●观察地点

户外操场

●观察目的

（1）教师能够科学有序地安排晨间体育活动。

（2）幼儿能够积极主动地参与到晨间活动中。

●行为观察

教师组织幼儿在指定的区域内集中进行晨间活动，由于没有老师的科学化指导，班级出现好动的幼儿和安静的幼儿两极分化：有的幼儿无事可做，有的幼儿争抢器械，有的幼儿四处追逐打闹……

●观察记录

晨间体育活动开始了，活动前老师带领幼儿在指定的区域活动。孩子们在各类器材中自由选择喜欢的体育器材进行活动。老师组织玩塑料圈和飞盘的小朋友在塑料跑道上玩，跳绳的在中间。

不一会儿，有小朋友跑来对老师说：

“老师，我不想玩了。”

还有的跑过来向老师告状：“小朋友打我了。”

“小朋友抢我的东西。”

……

个别幼儿不仅没有在规定的区域玩，甚至有了打闹行为。还有几个好动的男孩子开始互相追逐、疯跑、打闹，整个班级乱作一团。

●事件分析

（1）教师在组织晨间体育活动时，因为在指导上没有目的性，任由孩子们自主活动，因此这种“放鸭子”式的晨间体育活动并没有起到有效的积极作用。

（2）教师给幼儿提供的器材较单一、种类少，不能满足孩子身体锻炼的需要。因此会出现案例中幼儿自由追逐打闹，争抢器材等现象。另外，这些投放的体育器材并没有从班级幼儿的特点、能力与水平出发，因此案例中的大多数幼儿对于很多器材不是很感兴趣。

（3）在晨间体育活动中，教师应是观察者、引导者。可是在案例中，当发现幼儿对某一器材的某一玩法兴趣减弱时，教师并没有及时给予指导，充分发挥器材的作用，更没有激发或保持孩子对晨间活动的兴趣。

（4）兴趣是最好的老师，当孩子对某一事物或游戏感兴趣时，他们就会保持积极快乐的情绪。而案例中幼儿因为对单一玩法的器材失去了兴趣，比如大部分孩子对跳绳不感兴趣，所以教师所提供的器材并没有有效地满足孩子跑、平衡、投掷、钻爬能力发展的需要。

●应对措施

（1）在晨间活动前教师提前制定好计划并做好相应的准备，比如晨间开展哪些活动，需要哪些器材，如何组织并指导等。

（2）在晨间接待时，教师要及时与家长进行沟通，以便了解幼儿的身体状况或者情绪等，通过仔细询问判断幼儿是否适合参与晨间体育活动，特别是在幼儿进园高峰期，与家长的交流要简洁明了，时间不宜过长，以免影响晨间体育活动的正常开展。

（3）在晨间活动中，教师要注意观察整个活动的开展情况，顾及每个幼儿的活动情况，选择恰当的时机与幼儿一起探索同一材料的不同玩法。

（4）教师提供的材料要随着幼儿能力水平的提高，进行及时更换材料、适时调整，创造材料的新玩法，不断开发挖掘新材料，使投放的材料更具有针对性，更符合幼儿的发展水平，保证每个幼儿都能得到提高。

（5）在观察指导的时候，教师要根据幼儿的活动情况，给予及时的调整，始终保持幼儿参与活动的兴趣。

●效果评价

教师对晨间活动调整后，组织幼儿进行自由选择，分组游戏，并有计划地开展“一物多玩”的游戏，使幼儿在走、跑、跳、平衡等方面得到提高，确保了每个幼儿在原有水平上都得到发展。

案例 2：趣味投掷活动

●观察背景

在日常的体育活动中，幼儿投掷动作是锻炼幼儿身体协调性的重要动作之一。而在上学期的体育活动中，教师发现很多孩子在投掷项目上的能力显得比较弱。因此本学期在体育活动中，教师重点加强了幼儿投掷能力的训练。

●观察对象

中班幼儿

●观察地点

户外操场

●观察目的

（1）了解幼儿初步学习投掷动作的情况。

（2）观察幼儿对投掷动作技巧的掌握。

●行为观察

通过多种投掷活动的观察，发现大多数幼儿基本掌握了投掷

的要领，能达到投掷距离上的要求，但是个别幼儿投掷的准确性仍然比较低。

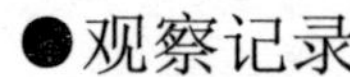

●观察记录

在户外体育活动区，老师组织幼儿开展“小猴摘桃”的投掷游戏。游戏开始前，教师自己扮演猴王，小朋友扮演淘气的小猴。随着音乐，老师带着幼儿进入游戏情景中：“孩子们，花果山的蜜桃成熟了，你们想不想吃啊？今天我带着你们一起去摘蜜桃好吗？”小朋友高兴得乱蹦乱跳，参与活动的兴趣一下子高涨起来。

在老师的引领下，大家来到了游戏区域。老师接着引导幼儿：“摘蜜桃要先练本领，现在我们一起练习吧。”

教师让幼儿利用场地上的“蜜桃宝宝”纸球，练习投掷动作要领。孩子们一看到地上五颜六色的“蜜桃宝宝”便一窝蜂地跑过去。老师赶紧跑过去，组织幼儿按照颜色分组进行练习动作。

游戏开始前，老师先介绍游戏的玩法，然后将幼儿分成几组进行游戏活动。老师对大家说：“小猴们肚子饿了吗？我们快去摘蜜桃吧。这次我们来比赛哪一组的小猴子摘的桃子又快又多，好不好？”

老师给每个幼儿分配好“蜜桃宝宝”，开始向圆形中心的篮子里投掷。每个幼儿你来我往地扔着“蜜桃宝宝”，玩得很兴奋。从幼儿的表现看，大多数幼儿能够投掷得又准又快。很快，当幼儿把手里的“蜜桃宝宝”都投掷完了之后，在游戏开始时的兴奋劲渐渐消失了。

于是，老师问大家：“我们摘完了蜜桃，接下来你们想干什么呢？”

“我想吃蜜桃。”

然后老师在每组中选出一名幼儿扮演老猴，拿着装着满满蜜桃的篮子站在中心位置，向每组成员投掷“蜜桃宝宝”，看谁接的蜜桃又准又多，最后大家一起分享“吃蜜桃”。这时，幼儿参与游戏的热情再次被点燃。幼儿的动作也随之丰富起来，时而起跳，时而闪身，时而蹲下，又把游戏推入新高潮。

●事件分析

（1）在案例中，可以看出教师提供的游戏材料十分新颖，与幼儿平常生活中的投掷形式不同，因此幼儿参与度十分高。

（2）教师把投掷运动设计成“小猴摘桃”游戏活动，将体育活动目标寓于既有情节又有角色扮演的集体游戏中，极大地吸引了幼儿。这种游戏化的体育活动不但强化了幼儿对动作技巧的掌握，而且增加了幼儿活动的乐趣。

（3）在游戏中，老师严格每个区域的人数设置，避免出现拥堵的现象，对于连续在此场地的幼儿及时调整，保证每个幼儿参与活动的兴趣。

（4）当教师发现幼儿的参与兴趣逐渐消失时，及时通过启发开放式提问，顺应他们的想法，并将调整游戏的权利交给他们。

只有动态地推进游戏，幼儿才会越来越喜欢游戏，游戏才会真正促进幼儿发展。

●应对措施

（1）投掷是发展幼儿上肢力量的一个基本动作锻炼，但是投掷动作的反复练习容易使幼儿感到机械、单调。为了激发幼儿的体育运动兴趣，教师可以采取多种形式的游戏活动，将投掷运动游戏化，组织幼儿喜欢的，具有故事情节、游戏角色的投掷活动，有利于激发幼儿的想象创造的兴趣。

（2）不管教师在游戏前对游戏的预设有多全面，都不可能完全预测幼儿的动态发展，这就要求教师在活动中多关注幼儿的兴趣、经验和表现。

（3）组织体育活动前，教师应认识到幼儿的发展是有个体差异的，每个幼儿的投掷动作的掌握和发展不可能在同一水平线上。因此，教师应充分观察了解幼儿投掷动作水平的发展现状，做到心中有数，使每个幼儿都有主动获得成功的机会。

●效果评价

本学期，教师在了解每个幼儿的投掷水平后，设计了有针对性的、丰富多样的投掷活动，努力调动幼儿参与投掷活动的积极性，开展了多种形式的投掷活动。针对能力较强的幼儿，教师将投掷的重点由远向准发展。而个别显得能力比较弱的幼儿，教师在了解了影响他们投掷水平的可能因素后，重点加强了他们投掷

能力的训练，经过不断地练习，他们的投掷能力有了明显的提高。通过投掷活动的调整和开展，使幼儿的身体协调能力和动作技巧得到了更大的发展。

☆三、幼儿体育活动的观察与评价☆

在幼儿体育活动的过程中，教师要作为一个主动的观察者，积极地为幼儿提供建设性的帮助与指导。幼儿园开展的体育活动不再是只要幼儿玩得开心、高兴，注意安全就行了。著名教育家陶行知先生说："教育为本，观察先行。"没有仔细的观察，就谈不上正确的、有效的教育方法。

教师在幼儿体育活动中要观察幼儿最关注的事情，也就是他们的兴趣所在。作为老师应以主动的观察者身份出现，适时给予幼儿指导和帮助，激发和维持幼儿对体育活动兴趣，达到锻炼的目的。

作为教师还要观察幼儿的需要，与幼儿进行交流，倾听他们需要些什么，需要什么方式的活动。当幼儿活跃在各个区域时，教师既要观察全体，又要注意个体。因此，教师选择适当的位置观察幼儿显然很重要。

教师只有在体育活动中，观察到孩子在游戏中表现最真实的自我，才能准确地评价幼儿、了解认识孩子、了解孩子真实的愿望，把握孩子真实的意愿、兴趣、爱好。

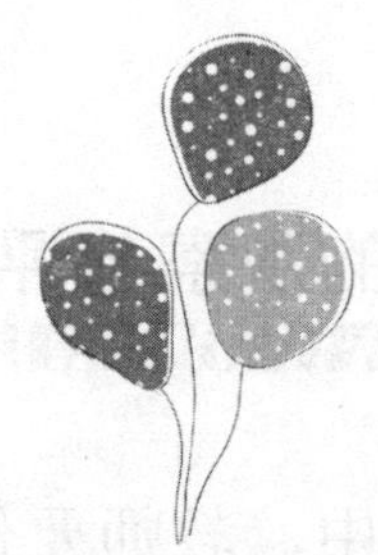

第七节 在幼儿科学教育活动中的运用

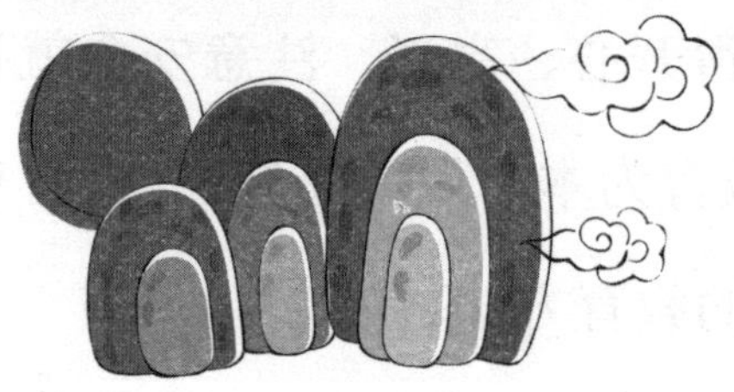

☆一、幼儿科学教育的概述☆

幼儿科学教育活动是指幼儿在教师的指导下，为幼儿提供材料和机会，鼓励幼儿通过自身的活动，对周围的世界进行感知、观察、操作、发现及提出问题、寻找答案的探索过程。从中可以看出幼儿科学教育不在于教授幼儿多少科学知识，而是重点在于培养幼儿对科学的兴趣和探索精神，为日后发展打下坚实基础。幼儿科学教育活动与常识活动本身在内涵上是不同的，幼儿科学教育活动不仅含有科学知识的成分，而且还包括提出问题、探索答案，比常识内容更为丰富。

幼儿科学教育是幼儿身心发展的必然需要，其实质是对幼儿进行科学素质的早期培养。幼儿科学教育所涉及的内容都是客观存在的，很多都可以直接观察到，周围环境中的各种自然现象都可以为幼儿科学教育提供了丰富的教育资源。

在开展教育活动前，必须要选择教育的内容，而科学教育活动也不例外。“兴趣是最好的老师”，这是亘古不变的真理。老师在选取科学教育时，应以幼儿的兴趣为主，发现贴近幼儿生活的内容，选择幼儿感兴趣的事物，不仅要让幼儿看、听、说，更重要的是让幼儿亲自动手操作，这样更能引起幼儿的兴趣，参与科学探索活动，促使幼儿更大胆地探索，从而让幼儿得到发展。在幼儿科学活动中，教师要指导幼儿进行科学活动、游戏、尝试实验，鼓励幼儿在科学观察活动中大胆探索。

☆二、对幼儿科学活动的观察要点☆

1. 幼儿科学探究的观察要点：探究的意愿、探究的方法、在探究中认识周围事物和现象。

2. 幼儿数学认知的观察要点：感知数学的有趣和有用、感知和理解数量及数量关系、感知和理解形状与空间关系。

案例1：有趣的万花筒

●观察背景

午餐后，老师偶然间发现几个幼儿摆弄着万花筒，紧接着一个又一个问题被提出。于是，教师马上捕捉幼儿的好奇心，及时抓住契机，设计了关于万花筒的科学活动，从而激发了孩子们的探究兴趣。

●观察对象

大班幼儿

●观察地点

休息区

●观察目的

（1）通过观察，了解幼儿的兴趣动向和心理需求。

（2）充分发挥幼儿对科学探索的主动性和积极性。

●行为观察

老师观察到以往幼儿对万花筒只是停留在无目的玩耍状态

中，而升入大班后，幼儿开始具有较强的探索能力，偶然间对万花筒表现出强烈的探究兴趣。

●观察记录

午餐后，几个幼儿来到休息区一起玩着万花筒。之前，他们看到万花筒都是随意地摆弄着，而这次他们表现出了极大的好奇心。他们七嘴八舌地讨论起来：

“它里面都有什么？”

“为什么花纹有那么多？”

“你从万花筒里看到了什么？”

“为什么我们每一次看到的效果都不一样呢？”……

经过大家一致同意，他们动手把万花筒拆开，结果大失所望：

“怎么就是彩纸，一点也不漂亮。”

老师看到他们表现出了强烈的探究兴趣时，及时抓住契机，走过去说：

“我这里还有几个万花筒呢，你们看看它们身上可是有秘密的哦！”

于是，老师递给他们几个不同的万花筒，引导他们亲手将完好的万花筒拆开、观察。

“我们看到里面什么都没有啊！”

“不信，你们仔细看看！”他们的好奇心一下子被调动起来。

说完，老师边操作边讲解三棱镜成像原理：

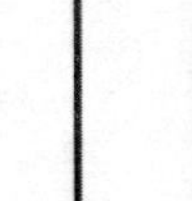

“万花筒里面有三个平面镜，三个平面镜边对边组合在一起就形成了一个三棱镜，每一面镜子都能把万花筒里面的彩纸照出来，同时也把另外两面镜子的彩纸照出来，这样小朋友就可以看到许多彩纸组成的花朵。这种现象叫做互相反射。”

“你们说说看，可以用什么材料制作万花筒呢？”

他们兴奋地纷纷议论：“卫生纸筒可以做身体。”

“还要有镜子。”

“我家有塑料珠子。”

于是，探究活动便顺其自然地展开延伸了。

●事件分析

（1）开展科学活动不仅需要适宜的材料，还需要教师有效指导。案例中，教师正是捕捉到了幼儿探索万花筒时的表情、言语、动作等信息后，及时反应，作出的正确判断，找到合适的契机和方式对幼儿探索操作进行有针对性指导，引导幼儿由盲目地科学探索活动转变成有目的、有计划地进行科学探究活动，通过亲身操作、摆弄，激发幼儿对科学探索的兴趣。

（2）当幼儿了解了万花筒原理后，教师进一步引领幼儿将科学探究进行到底，让他们参照步骤图来完成制作万花筒，用各种隐性指导的方式，帮助孩子建立信心，萌发对科学活动的兴趣。

（3）在延伸制作万花筒时，教师引导幼儿自主准备材料，选择贴近生活的材料，这样促进了幼儿与材料的有效互动，充分发挥幼儿自主获得有价值的科学经验。

（4）大班幼儿具有较强的观察和探究事物的能力，他们对好奇的事物或现象总想弄清为什么。教师正是充分了利用大班幼儿的这一特点，充分设计比、看、拆、装等活动，使幼儿主动、积极地观察、探索、操作材料，从而有效地发展其分析、比较、观察、记录等能力。

●应对措施

（1）在活动中，教师应充分利用幼儿已有的社会经验和生活经验，使幼儿不仅仅满足于“老师教什么，我学什么”的发展水平，鼓励幼儿在活动中大胆猜想，勇于探索，激发幼儿对科学探索的兴趣。

（2）幼儿科学活动后，教师要对完成的探究结果和活动记录表作必要的观察和分析，清楚地了解幼儿成功完成科学探究后的完成情况及在活动中表现出的反思、记录能力。

（3）案例中，教师在活动后，不但鼓励幼儿自主准备材料制作万花筒，激发了孩子们的探究兴趣，还指导幼儿相互分享经验，概括探究成果等，以便幼儿回顾探究过程，让幼儿通过多种途径取长补短，逐步提高自己的科学探究能力。

●效果评价

幼儿通过对不同万花筒的观察和比较，说出了万花筒之间的不同点和相同点。在老师的启发下，有效地激发了幼儿探索万花

筒的兴趣。尤其在延伸活动后，幼儿能够根据制作万花筒的步骤图相互合作，相互交流，完成制作。

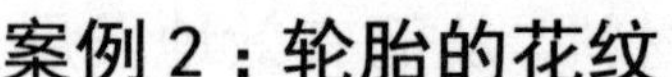

案例2：轮胎的花纹

●观察背景

幼儿对什么都感到好奇，当他们发现问题时很想探个究竟，问个明白。老师应充分利用幼儿在生活中发现的科学问题，作为幼儿科学探索的对象，以此引导幼儿发现周围世界的神奇，从而激发幼儿对周围世界的认识兴趣和探究欲望。

●观察对象

中班幼儿

●观察地点

户外操场

●观察目的

（1）培养幼儿的科学探索精神。

（2）激发幼儿在生活活动中发现科学问题。

●行为观察

当幼儿对日常生活中的事物和现象产生好奇，并引发疑问时，教师通过与他们的交流后，发现幼儿能够根据生活经验大胆地表述自己的意见和想法，表现出自主探索生活现象的极大兴趣。

●观察记录

在体育活动时，户外活动场地上新置了一些废旧轮胎供幼儿操作、玩耍，幼儿非常感兴趣，或滚动或搭建，百玩不厌。幼儿正在进行“滚动轮胎”游戏。

老师观察到平时总爱提问题的小希盯着轮胎仔细看了半天，一会儿摸摸轮胎的花纹，一会儿摸摸自己的头。

老师便走过去问他：“你在干什么？”

他说：“老师，这些花纹多漂亮啊！可是轮胎上为什么要有花纹呢？”

“那你想想看，自己在哪里还看到过这样的花纹呢？”

“还有我的鞋底上。”

“那你知道鞋底为什么有花纹呢？如果鞋底没有花纹的话，我们会怎样呢？”

这时，很多幼儿看到老师和小希在聊天都凑了过来，然后开始你一言我一语地议论开了。

最后得出的结论是：如果鞋底没有花纹，走路的时候会很滑，如果走在光滑的地面上很容易摔倒了。

老师并没有马上说出答案，而是建议幼儿回家后和父母一起通过查阅资料，掌握更多的材料，慢慢寻找答案，明白其中的道理。

看到幼儿对轮胎和鞋底的花纹这么感兴趣，为此老师设计了“花纹的秘密”科学活动，通过玩游戏，试验操作等形式，帮助幼儿在探索、实践中了解、认识生活中常见的“花纹”，并知道它们的用途和重要性。

●事件分析

（1）当幼儿对某一事物或现象产生好奇时，教师要学会指导，就像案例中，幼儿的一次偶然探索，正是因为老师及时给予指导，使其成为一次有益的科学活动。

（2）在幼儿提出“轮胎花纹”的疑问时，老师通过具体的生活素材“鞋底花纹”来引导孩子动脑筋，解决问题，体现了“科学教育生活化”这一《纲要》精神，培养了幼儿解决问题和困难的品质。

（3）在幼儿自由讨论中，老师没有进行打断和指导，而是引导幼儿之间相互讨论交流，充分发挥了幼儿的主动性，增强了幼儿在实验中的目的意识。

（4）在案例中，老师引导幼儿摸一摸轮胎花纹，比一比自己的鞋底花纹，从实际生活中取材，通过亲身操作有效地激发幼儿探索的欲望，重视幼儿主动探索与操作能力的培养。

（5）在案例中，老师针对幼儿提出的科学问题并没有直接给予答案，而是建议幼儿回家后通过查阅资料的方法，动脑思考，自主探索，帮助幼儿获得丰富的科学知识和经验，获得探索成功的喜悦。

●应对措施

（1）教师要充分了解幼儿爱提问的心理特点，并且加以鼓励和引导，把幼儿学科学导入主动探索的道路，从而激发他们的求知欲。

（2）在平时生活中，教师要做有心人，要有敏锐的眼光关心周围事物，并善于观察每一个幼儿，对幼儿偶发性科学活动及时地给予鼓励、指导。

（3）幼儿学习的内在动力和获得成功的条件就是会提问题，老师要放开手脚，鼓励幼儿动手操作，动脑思考，让幼儿勇于探索，而不加任何干涉并适当地加以引导。

●效果评价

经过一段时间的培养，教师发现幼儿的求知心越来越强烈，对科学也产生了浓厚的兴趣，能在一定时间内，专心致志地进行科学探索。

☆三、幼儿科学教育活动的观察与评价☆

科学教育活动的观察与评价应该贯穿于幼儿整个科学探究过程中。长期以来，在幼儿园科学教育实践中，教师往往注重观察

的是学期初幼儿的基础水平，或者本学期末幼儿的发展水平，而对于幼儿在科学探究方面的发展进程了解较少，对于幼儿在每次探究活动中获得了什么发展和怎样获得发展的，重视不够。因此，教师要学会观察与评价幼儿在自发的活动或者小组集体活动中的行为表现。通过自然观察幼儿的行为、倾听幼儿的自言自语和同伴间的交流，通过与幼儿的交谈与询问等多种方式，全面了解幼儿的发展状况，从而有效地促进幼儿的发展。

在幼儿整个科学探究过程中，当发现大多数幼儿在探究过程中遇到问题时，教师可以与他们共同商讨、解决问题；当发现幼儿的探索方向偏离了预定目标，教师可以适时地引导。总之，教师不能为了评价而阻止他们的探究，要选择适当的评价时机，灵活地对幼儿的科学探究进行评价。

科学教育活动的目标不仅包括让幼儿掌握一些最基本的科学知识，而且包括情感态度目标，培养幼儿的好奇心、探究欲和实事求是的科学精神。因此，教师对孩子的评价不能单纯地注重知识技能目标，而要鼓励多种探索解决问题的途径、方式，接纳多种能力和发展水平。而针对发展迟缓的个别幼儿，教师应善于捕捉到每个孩子的闪光点进行评价，让他们感到教师对他们每一个人探究和发现的关注、支持和鼓励，从而促使每个幼儿都在科学探索上获得不同程度的发展。

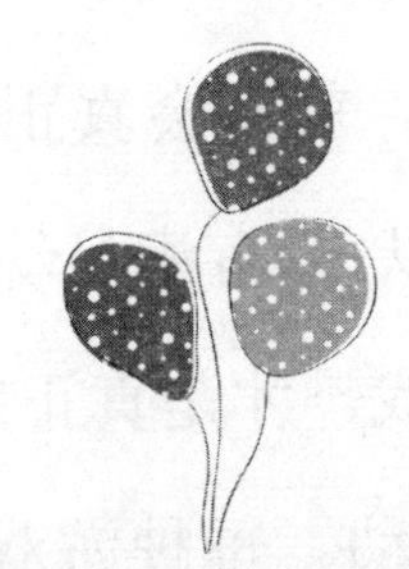

第八节 在幼儿游戏活动中的运用

☆一、幼儿游戏活动的概述☆

随着幼儿园教育改革的不断深入，游戏已经成为幼儿园教育的主要部分，游戏活动可以充分让幼儿在游戏中体验到成年人难以理解的快乐，使他们将多种情感，多种角色，多种向往融入自己的游戏中。

游戏是幼儿自主的活动。幼儿参与游戏，完全是出于自己的喜好和愿望，主动进行游戏，因此在游戏中，幼儿可以充分地自

我发挥，自由活动，并从中得到快乐并得到发展。在幼儿游戏中，幼儿的自主性显得十分重要。正是因为幼儿是主动参与游戏活动，所以他们的情绪体验是积极主动的，收获的是快乐和发展。反之，如果幼儿是被动地参与游戏，就不会真正体会到游戏的快乐，更谈不上促进其能力发展。所以，只有满足幼儿需要，尊重幼儿喜好，才能够发挥幼儿主动性的游戏，才是真正的游戏。

游戏是具有趣味性的活动。每种游戏都具有一定的趣味性，这也是能够激发幼儿主动参与的主要因素。富有趣味性的游戏活动能够让幼儿在其中获得愉快和发展，使他们喜欢游戏。在幼儿园教育中，游戏活动与其他领域的教育不同，有趣味的游戏才能够吸引幼儿主动参加，教师可根据幼儿的兴趣特点出发，有效地开展游戏活动。

游戏是具有虚构性的活动。在各种游戏中，幼儿往往是在假想的情景中参与游戏的。比如游戏的情景、角色、过程及游戏的材料，往往都是虚构的，幼儿在游戏活动中可以扮演各种角色，可以把任何物品当成食物，甚至可以把教室想象成各种地方。

根据游戏的特征将游戏分为两大类：创造性游戏和有规则游戏。创造性游戏是从幼儿的兴趣爱好和愿望出发，幼儿凭借自己的知识能力进行创造性地游戏活动。在游戏中，幼儿是自发、自主地参与游戏中，在幼儿园中这类游戏包括角色游戏、结构游戏和表演游戏。而有规则游戏是教育者根据教学目标和要求为发展幼儿的各种能力而编定的游戏。这类游戏具有游戏要求、目标、方法、规则和结果，因此在游戏活动前，需要教师为幼儿讲解游戏规则和要求，并做游戏示范，当幼儿已经学会并熟练掌握游戏的玩法后，便可以开展游戏活动。在幼儿园中这类游戏包括智力游戏、体育游戏、音乐游戏。

☆二、对幼儿游戏活动的观察要点☆

1. 幼儿参与游戏的主动性，满足自己的喜好和兴趣，与人交往的需要。

2. 幼儿获得自信和满足，带来极大的乐趣。

3. 通过游戏活动能激发幼儿思考、创造和发展。

案例1：糖果店

●观察背景

幼儿在幼儿园自由活动中非常喜欢玩各种角色游戏，而且非常投入，兴趣极高，有的角色游戏他们甚至会百玩不厌。

●观察对象

中班幼儿

●观察地点

本班教室

●观察目的

（1）引导幼儿主动与同伴协商寻找实现愿望的方法。

（2）引导幼儿尝试自己想办法解决游戏中出现的一些问题。

（3）引导幼儿将发现的问题或已经解决的问题与同伴分享。

●行为观察

在角色游戏中，中班幼儿的角色意识、规则意识有所增强，能认真地去模仿自己所扮演的角色，学习自己想办法解决游戏中出现的一些问题。

●观察记录

游戏前，教师鼓励幼儿自愿选择游戏角色，比如各种店铺的店长、收款员、制作师和顾客，引导幼儿明确各种角色的工作，并提醒幼儿要认真地完成角色任务。游戏开始后，扮演店长的笑笑显得特别兴奋，一上岗就迫不及待地到处叫卖："快来买糖果，我家的糖果特别好吃。"果然，很快一个扮演顾客的小朋友来到了糖果店。笑笑热情询问他想买什么糖果，而且还高兴地介绍店里摆放的各种糖果，然后告诉制作师恬恬赶紧制作糖果。

这时，又来了两个顾客想买糖果。恬恬发现自己忙不过来，她大声呼喊："笑笑，快来帮忙啊！我忙不过来了！"笑笑赶紧跑过来帮助恬恬制作糖果。三个顾客在柜台前摆弄着各种"糖果"，收款员叮叮离开了"工作位置"，也和他们一起玩了起来，忘记了自己的角色。不一会儿，恬恬和笑笑用彩泥做好了糖果。笑笑把糖果分别交到顾客们手里。这时，叮叮赶紧跑回自己位置，提醒顾客们买糖果要付款。最后，顾客们拿着糖果来到了叮叮那里交钱付款。

●事件分析

（1）从上述的角色游戏片段中可以看出中班幼儿已经有了初步的角色游戏意识，但是在游戏行为的表现上呈现很大的能力差异，例如：笑笑的游戏行为和游戏语言较强；恬恬的角色意识较强，

在整个游戏过程中能够很认真地完成角色任务；而叮叮的角色游戏意识较弱，很容易受到外界的干扰，不够专注。

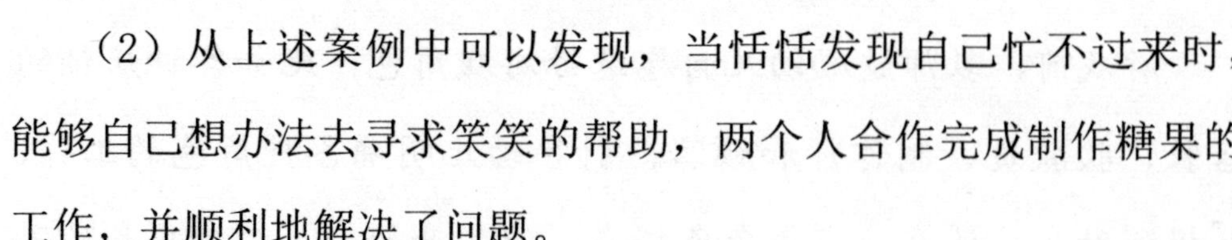

（2）从上述案例中可以发现，当恬恬发现自己忙不过来时，能够自己想办法去寻求笑笑的帮助，两个人合作完成制作糖果的工作，并顺利地解决了问题。

●应对措施

（1）教师可以通过角色游戏比较客观和全面地看到中班幼儿在角色游戏中出现的普遍现象和游戏水平的总体发展，也可以看到个别幼儿在游戏过程中的不同发展水平。针对叮叮的游戏行为，应给予个别指导，帮助其增强规则意识和角色意识。

（2）教师应鼓励幼儿在遵守原有游戏规则的基础上，根据自己游戏的愿望，主动与同伴协商寻找解决困难的方法，以此培养幼儿解决问题的能力。

（3）在游戏过程中，教师要观察支持幼儿的游戏行为，不要过多干预或者帮助幼儿解决困难，鼓励幼儿自己去解决问题。

（4）在游戏后，教师鼓励小朋友们对同伴的游戏行为、角色任务等进行评价，受到表扬的幼儿成为其他幼儿学习的榜样，从而增强其他幼儿的责任心。

（5）角色游戏是幼儿对现实生活的反映，它要求幼儿运用他们已有的知识，按照他们对角色的理解扮演接色，如果幼儿不具备担任某种角色的经验，那么游戏将会变得枯燥无味以至不能持续，因此教师应有意识地引导幼儿多观察生活，多接触生活，使幼儿积累丰富的生活经验，帮助他们更好地融入角色游戏中。

●效果评价

教师采取正面导入：首先表扬笑笑和恬恬的角色表现非常好，而且特别出色地完成了角色任务，然后教师询问其他小朋友是否也想做店长、制作师、顾客和收款员，大家轮流玩游戏。互换角色后，叮叮选择当店长，他的规则意识和角色意识有所增强，在游戏中十分投入，并认真地完成了自己的角色任务。

案例 2：交通警察

●观察背景

在角色游戏中，幼儿常常喜欢扮演的角色有妈妈、老师、医生、警察、解放军等，通过观察发现，幼儿在模仿中能够根据这些角色的行为来调节自己的态度和言行，并受到这些榜样潜移默化的影响。

●观察对象

大班幼儿

●观察地点

本班教室

●观察目的

（1）引导幼儿通过扮演角色，学习各种角色的优良行为。

（2）引导幼儿根据角色的行为来调节自己的行动，从而受到潜移默化的影响。

（3）引导幼儿体验角色游戏的快乐。

●行为观察

飞飞是一个多动活泼的男孩，平时表现很不稳定，总是站不住、坐不住的。但是在角色游戏中，他主动选择扮演交通警察后，表现很突出，不但能够坚守岗位持续站二十多分钟，而且能够顺利地完成角色任务。而东东也选择了扮演交通警察，由于他没有真正理解交通警察的含义，认为交通警察就是管别人的，在扮演角色时出现了一些攻击性行为，很多幼儿向教师告状说交通警察打人。

●观察记录

为了更好地巩固和复习幼儿的交通知识，教师开展“我是交通警察”的角色游戏。

在游戏前，鼓励幼儿自主选择交通警察、行人和司机角色。游戏开始后，扮演交通警察的飞飞站在十字路口中间，通过举红绿灯来指挥交通，并提醒行人和司机要遵守交通规则通过马路。

可是过了十分钟，飞飞离开“岗位”想参加其他活动。

这时，扮演行人的老师提醒他说：“没有交通警察指挥交通，我该怎么过马路啊？”飞飞马上意识到自己的失职，马上返回“岗位”继续坚持指挥交通。

轮到东东扮演交通警察。因为他举红绿灯的频率太快了，导致交通一片混乱，行人和司机经常发生碰撞。当东东看到发生交通碰撞后，总是马上离开“岗位”，指责其他小朋友，甚至还出现了攻击性行为。

个别小朋友跑来向老师告状，说东东动手打人。游戏中断很多次，进行得不顺利。

●事件分析

(1)现在的幼儿，责任心缺失是个很普遍的现象。比如案例中，飞飞很随意地离开自己的岗位去做别的事情，而不知道自己擅自离开“岗位”是不对的，更不知道自己随便走开会对行人、司机，还有路口交通造成什么影响。

（2）案例中，东东对交通警察角色认识不够，对自己所扮演的角色可以做什么，不可以做什么，应该做什么，不应该做什么，了解得不够透彻，所以他在游戏中出现了“为所欲为”的行为。

之所以东东会产生这样行为，一方面的原因可能是东东年龄小，对交通警察形象的了解模糊，不到位。另一方面的原因可能是教师没有给予及时正确的引导，东东不知道自己所扮演的交通警察角色应该做些什么。

●应对措施

（1）在幼儿游戏中，教师要做一个有心的观察者，认真观察幼儿的游戏行为，在不干扰幼儿游戏的前提下，运用暗示的方式推动幼儿游戏的顺利发展。比如案例中，针对飞飞的“离岗”行为，教师要及时给予提醒，引导幼儿约束自己的行为，坚持工作，这样有利于培养幼儿积极主动、勇敢克服困难的优良品质，对促进幼儿意志行为的发展有重要作用。

（2）当幼儿在游戏中出现问题时，教师应给幼儿尝试解决问题的机会，以充分发挥幼儿的自主性和创造性。比如案例中出现了交通混乱的情况，教师应引导幼儿主动约束自己的行动，锻炼自己的控制能力，从而帮助幼儿愉快又自觉地克服自己的缺点，形成良好的性格。

（3）角色游戏中，教师除了观察幼儿，还要和幼儿一起玩游戏，成为他们的玩伴。教师只有深入幼儿中间，才能真正了解幼儿的想法和需要，发现幼儿在游戏中的问题。

（4）游戏前，老师应对每一个角色的语言、口气、表情等进行分析，让幼儿学会履行该角色的职责。幼儿在游戏中通过扮演角色，反复地模仿和体验，对角色职责的理解和操作，可以培养他们的责任心，提高他们的道德认识，激发了道德情感，实践了社会道德行为规则，这样有利于他们在现实生活中掌握和形成良好的道德行为品质。

●效果评价

在转换角色前，教师先让幼儿观察一下交通警察指挥车辆的情景，引导幼儿巩固基本的交通规则。针对东东的情况，教师要加以个别指导，帮助他明确交通警察的职责，为再次进行角色游戏做准备。第二次游戏活动中，教师引导幼儿扩展游戏情节，增加“交通警察处理交通事故”，接待行人问路等情节，进而丰富幼儿对交通警察的经验，加深对交通规则的认识。

☆三、幼儿游戏活动的观察与评价☆

在游戏活动中，教师扮演的是幼儿游戏的幕后引导者、帮助者的角色。《幼儿园教育指导纲要（试行）》指出:“教师是指导者，又是游戏伙伴，更重要的是教师是一个观察者。”为此，教师要明确游戏是幼儿自发自主的活动，游戏是幼儿的权利，因此在游戏中幼儿是主人，而教师是游戏环境的创设者，游戏过程的观察者。

《幼儿园教育指导纲要（试行）》中要求：“关注幼儿身心全

面和谐发展，遵循幼儿的发展规律和学习特点，珍视幼儿游戏的独特价值，充分尊重和保护其好奇心和学习兴趣，创设丰富的教育环境，最大限度地支持和满足幼儿通过直接感知、实际操作和亲身体验获取经验的需要。”教师通过对幼儿游戏观察可以真实了解幼儿的兴趣和需要、认知和社会性水平、个性特点和能力水平差异。因此游戏结束后，教师应根据观察记录客观地评价幼儿的游戏行为，并根据幼儿的游戏情况对游戏活动做出调整或更换，为幼儿提供充分的游戏条件，实施有效的游戏评价。

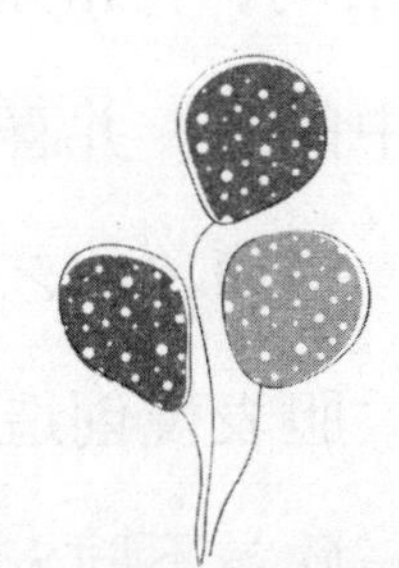

第九节 在幼儿音乐教育中的运用

☆一、幼儿音乐教育的概述☆

幼儿音乐教育指的是人在 3 － 7 岁年龄段，教师对幼儿进行一系列有计划、有目的的，关于音乐方面的教学活动。幼儿在幼儿园接受的音乐教育是早期素质教育的一个重要组成部分。《幼儿园教育指导纲要（试行）》提出，学习音乐艺术在提升幼儿教育乃至态度、性格、知识、技能的运用有很大的意义。因此，教师应以适合幼儿身心特点的音乐作品为客体，并借助相关教学教具，通过教师有组织、有目的、有计划的艺术手段进行教育活动。

幼儿园音乐教育活动内容多样，形式丰富，主要包含歌唱活动 、韵律活动 、音乐欣赏活动、打击乐器演奏活动，主要是引导幼儿初步感受、欣赏艺术中的美，并喜爱参加艺术活动，能感受到活动带来的快乐；掌握一些简单的艺术技能，发展艺术表现能力；能用自己喜欢的方式大胆表现创造性的艺术表现活动；在艺术活动中体验活动的快乐，欣赏不同表现形式与风格的艺术作品。音乐表达了幼儿的生命情感，是幼儿生活的一部分。因此在幼儿园音乐教育活动中，应该充分发挥音乐教育在幼儿身心发展中的积极作用，使幼儿在音乐活动中发现美、理解美、享受美的同时抒发美，并且从中得到教益。

在实施幼儿音乐教育活动时，教师应树立正确的教育观、儿童观、发展观和整体观，尊重幼儿的个性发展和发展水平，为幼儿充分搭建舞台，让各种不同层次的幼儿尽情施展自己的才能，并在不同水准上得到整体发展和提高，使他们潜移默化地形成一种创造性的状态，并把这种状态投射到整个生活中。传统的幼儿音乐教育方式多是模仿、学唱，并没有过多地关注幼儿的不同发展需要，教师在教学活动中经常把自己的观点强加或暗示给幼儿，造成“似懂”的假象。为了改变这种现状，教师应以极大的热忱关心不同幼儿发展的需要，采取不同的要求和指导方式，让他们“试一试”“想一想”“问一问”，使其成为活动的“主人”。

☆二、对幼儿音乐教育的观察要点☆

1. 激发幼儿对音乐的兴趣，培养幼儿对音乐的感知能力。

2. 引导幼儿初步感受音乐，激发幼儿的智慧与灵感。

3. 引导幼儿能用自己喜欢的方式进行音乐表现活动。

案例

韵律活动“母鸭带小鸭”

●观察背景

唱歌表演是幼儿熟悉并喜爱的音乐活动，而音乐节奏简单且富有情节的音乐活动易于幼儿学习。教师在开展音乐活动时，重在培养幼儿参与音乐活动的兴趣，并鼓励幼儿创编动作，改编歌词，让他们在快乐的氛围里陶醉于音乐活动中。

●观察对象

中班幼儿

●观察地点

音乐教室

●观察目的

（1）引导幼儿学习随音乐合拍做动作。

（2）激发幼儿参与韵律活动的兴趣。

（3）引导幼儿体验音乐，并能够学习表演。

●行为观察

在课时，通过观察发现幼儿对“鸭妈妈带领鸭宝宝出去散步”的表演部分十分感兴趣，而且表现得很兴奋。但是一些幼儿掌握得并不是很好，在跟着音乐节奏表演的过程中出现“鸭宝宝”走出了自己的队伍，最后只剩下“鸭妈妈”带着几个鸭宝宝游来游去。

●观察记录

在韵律活动“母鸭带小鸭”前，教师引导幼儿在观察鸭子的基础上，模仿鸭子走路，鸭子叫、鸭子游水的动作。幼儿表现得十分积极主动地练习鸭子走路动作。当进行表演韵律活动“母鸭带小鸭”时，教师请一个动作协调性好的幼儿做鸭妈妈，其余小朋友做鸭宝宝，分角色合作进行韵律活动。当教师播放音乐后，鸭妈妈走在最前面，鸭宝宝们随着音乐的节奏走在后面。刚开始鸭宝宝们还能有序地跟在后面，过了一会儿，一些“鸭宝宝”走出了自己的队伍，到处跑。这时，教师停止了音乐，把游戏规则又重新讲了一遍，让“走散”的鸭宝宝回到队伍里。然后鸭妈妈带着鸭宝宝们一起去“池塘”，跟着音乐，一群快乐的小鸭子游了起来。韵律活动结束了，幼儿还想继续表演，表现出对“鸭妈妈带领鸭宝宝出去散步”的表演部分比较感兴趣。课后，教师带领幼儿继续开展这个活动，并鼓励幼儿大胆地创编歌曲内容和动作。

●事件分析

（1）韵律活动是由音乐和动作有机结合而成的，是借助动作来表达音乐作品的内涵。在案例中，教师通过先让幼儿学习小鸭子的动作，然后创设情境，引导幼儿对音乐的理解和感受，使幼儿感受音乐作品的旋律美、节奏美。

（2）活动体现了以幼儿为主体的教育观念。教师在组织活动中尊重幼儿的主体地位，通过角色表演的方式，充分调动了幼儿的学习积极性和主动性，引导幼儿在轻松愉快的氛围下顺利地完成了本次教学活动。

（3）在案例中，当一些幼儿出现了“离开”队伍的情形时，教师马上停止了活动，其实这时教师可以稍作延伸，让幼儿大胆想象散步的动作，多给幼儿充分表现自己的机会，而不要局限队伍的队形或者秩序，应该多让幼儿大胆想象，大胆创造，积极表现散步动作的机会。

●应对措施

（1）幼儿在韵律活动时，经常会出现碰撞问题，为了避免这种情况发生，教师先让幼儿学会动作，然后让幼儿熟悉音乐的旋律、节奏，这样他们的脑海里就会有印象，使整个活动顺利进行。当幼儿出现拥挤或者碰撞时，教师只要稍作提示，幼儿就能意识到控制自己的动作幅度，以及调整自己与同伴的距离，尽可能避免相互碰撞。虽然看似细小的帮助，但是对幼儿来说是十分必要的帮助。

（2）韵律活动重在引导幼儿感受音乐作品的旋律美、节奏美，提高幼儿对音乐的感受力、表现力和创造力。为此，教师应在引导幼儿进行动作表演的同时，加强引导幼儿对音乐的理解和感受。

（3）在韵律活动时，教师应创设良好的课堂情境，调动起幼儿感受乐曲欢快活泼的情绪，然后再带领幼儿带着角色意识融入到活动中，引导幼儿用心去感受和体会音乐的情感。

（4）在活动中，应始终以幼儿为主体，教师只要适时地引导与提示，让幼儿在活动中保持积极主动的状态，形成良好的师幼互动，让幼儿在活动中能够更加大胆地表现自我。

●效果评价

教师看到幼儿对这次韵律活动意犹未尽，因此在课后，带领幼儿继续展开这个活动，及时关注幼儿的表现，并大胆放手让幼

儿自由发挥，积极创编。幼儿表现很好，很快进入角色，情绪也一直跟着老师走，在玩玩、唱唱、跳跳的过程中，巩固了歌曲，提升了技能。

☆三、幼儿音乐教育活动的观察与评价☆

在以往的音乐教育教学活动中，教师不了解幼儿，也不观察幼儿的需要，只是用一个预先确定的标准来评价幼儿，仅仅重视幼儿是否掌握教师所给的要求与技能。而现在的音乐教育活动中，教师角色应是个组织者、协作者、发掘者、支持者。教师通过有目的、有计划的教学活动，在幼儿音乐教育活动中进行观察，获得来自幼儿的多方面的反馈信息，及时并真实地了解到每个幼儿的音乐能力和发展水平。在音乐教育活动评价中，教师通过观察结果的分析，可以更好地了解到教育活动进程中幼儿是否能够获得基本的艺术感知，是否实现了教学目标。因此，在音乐教育活动的观察与评价中应从了解幼儿身心发展的特点进行评价，重视幼儿的探索与创造，激励幼儿的思考与兴趣，接纳幼儿音乐表现方式，以促进幼儿主动参与活动。

结 语

何谓教育观察？教育观察是教师或教育研究者有目的、有计划地运用感官和其他辅助设备，对自然状态下的教育现象进行系统的考察，收集事实材料，分析研究以获得对教育现象的深入认识和理解的一种科学研究方法。

何谓教育评价？教育评价的目的是“创造适合不同儿童的教育”；教育评价的对象是教育的各个领域；教育评价由评价对象被动接受评价转为主动参与自我评价。

意大利著名幼儿教育专家蒙台梭利曾经说过：“作为一名教育工作者，应该具有一双敏锐的眼睛。”教育观察是幼儿教师工作必备能力之一，是幼儿教师了解幼儿的重要手段。在日常工作中，幼儿教师应该敏锐地观察幼儿的动作、表情和语言等细节来了解幼儿的心态、情感及认知，有助于幼儿教育工作的展开和实施。希望通过本书的介绍，幼儿教师可以科学观察幼儿在日常生活中的表现，制定幼儿发展的应对措施和对策，充分挖掘幼儿的潜力，促进幼儿的健康成长。